LED

制造技术与应用（第三版）

陈 宇 编著

陈元灯 审校

U0299742

电子工业出版社

Publishing House of Electronics Industry

北京 · BEIJING

内 容 简 介

LED 在半导体照明、汽车用灯、信号显示、显示器背光源、信息显示屏、生物、医疗等领域有很广泛的应用，作为目前全球备受瞩目的新一代光源，被称为 21 世纪最有发展前景的绿色照明光源。

本书主要介绍 LED 的制作技术与应用，从介绍 LED 的基本概念和相关技术入手，介绍了 LED 的基础知识，它涉及多个学科，如半导体光学、热学、化学和力学等，是多个学科的综合；对 LED 芯片的制作、LED 器件的封装及使用 LED 器件时必须注意的技术问题进行了详细的介绍，同时还列举了 LED 在各行业、各部门中的应用，特别是对于 LED 应用的驱动问题、散热问题、二次光学设计问题和防静电问题等提出了具体的解决方法；在此基础上又深入地讨论了在不同应用中如何合理选用 LED 器件以及大功率 LED 的驱动与应用。

本书可作为 LED 器件的制造者、使用者的指导手册，也可供电子技术爱好者、大中专学生和感兴趣的读者学习与参考。

图书在版编目（CIP）数据

LED 制造技术与应用 / 陈宇编著. —3 版. —北京：电子工业出版社，2013.6
ISBN 978-7-121-20494-4

Ⅰ. ①L… Ⅱ. ①陈… Ⅲ. ①发光二极管—生产工艺 Ⅳ. ①TN383.05

中国版本图书馆 CIP 数据核字（2013）第 106906 号

责任编辑：田宏峰　　特约编辑：牛雪峰
印　　刷：北京虎彩文化传播有限公司
装　　订：北京虎彩文化传播有限公司
出版发行：电子工业出版社
　　　　　北京市海淀区万寿路 173 信箱　邮编 100036
开　　本：787×980　1/16　印张：13.75　字数：308 千字
版　　次：2007 年 6 月第 1 版
　　　　　2013 年 6 月第 3 版
印　　次：2025 年 1 月第 22 次印刷
定　　价：36.00 元

前　言

　　早在 1907 年，人们就发现了半导体材料通电发光的现象，但真正商用的 LED 是在 20 世纪 60 年代出现的。当时的 LED 由化合物半导体材料 GaAsP 制成，只能发红色的光，发光的效率也非常低，而且不能激发非常重要的基色光——蓝色。在此阶段，LED 主要应用于各种昂贵的设备，作为信号指示灯用。进入 20 世纪 90 年代，随着氮化物 LED 的出现，LED 的发光效率有了质的飞跃，而能够发射组成白光的重要成分——蓝光的蓝光 LED 也在 1992 年由日本著名的日亚化学公司的中村修二发明，这样整个可见光谱的单色 LED 已经完整，能够满足各种单色光应用场所的需求。

　　影响 LED 产业发展的最重大的变化是高亮度白光 LED 的发明，自 1997 年白光 LED 出现以后，专家对白光 LED 进入普通照明领域的可能性进行了研究。作为光源，LED 的优势体现在节能、环保和寿命长三个方面。LED 不依靠灯丝发热来发光，能量转换效率非常高，理论上只需要白炽灯 10%的耗能、荧光灯 50%的耗能。中国绿色照明工程促进项目办公室曾经做个一项调查，我国每年照明用电高达 3 000 亿度以上，用 LED 取代全部白炽灯或者部分取代荧光灯，将节省 1/3 的照明用电量，这意味着至少节约 1 000 亿度电，相当于一个总投资超过 2 000 亿元的三峡工程的全年发电量。这对于能源十分紧张的我国而言，无疑具有十分重要的战略意义。同样，美国能源部也做过一个类似的预测，如果美国 1/2 的白炽灯由 LED 取代，仅节省的电费就高达 350 亿美元。

　　在使用寿命方面，LED 采用固体封装，结构牢固，寿命可达到数万小时，是荧光灯的 10 倍、白炽灯的 100 倍，另外，用 LED 替代荧光灯可以避免荧光灯破裂而溢出汞所造成的二次污染，而且 LED 的频带只有 1～2 nm，不会产生紫外线和红外线来污染环境。

　　白光 LED 在照明上的应用引起了各国的重视，各国都有具体的计划和措施。例如，我国利用风能和太阳能直接点亮 LED 路灯，这在其他国家也得到了应用，已经成为了世界各国的共识。OLED 的大量使用也将改变人们的日常生活习惯，今后在室内采用 OLED 显示及照明也将大众化，电视机也将采用 OLED 显示。现在实现的光纤入户，使电视机、电话和互联网高度融合，在这个过程中需要大量的收发、交换和开关器件，因此未来在通信领域的 LED 用量也会大增。

　　目前，国际上普遍认为光电技术是 21 世纪的尖端科技之一。如果对 21 世纪具有代表意义的主导产业进行排序的话，第一无疑是光电子产业，而 LED 正是光电子产业中最重要的光电子材料和器件，是整个产业的基础。

本书主要介绍 LED 的制作技术与应用，从介绍 LED 的基本概念和相关技术入手，介绍了 LED 的基础知识，它涉及多个学科，如半导体光学、热学、化学和力学等，是多个学科的综合；对 LED 芯片的制作、LED 器件的封装及使用 LED 器件时必须注意的技术问题进行了详细的介绍，同时还列举了 LED 在各行业、各部门中的应用，特别是对于 LED 应用的驱动问题、散热问题、二次光学设计问题和防静电问题等提出了具体的解决方法；在此基础上又深入地讨论了在不同应用中如何合理选用 LED 器件以及大功率 LED 的驱动与应用。

参与本书编写工作的还有王洋、冯益善、张莉、路遥。在本书的编写过程中，参考了国内外大量的文献资料，在此向这些文献的作者表示感谢。

目前，我国已经开设了 LED 专业，也有了一些关于 LED 图书，这将大大地推动 LED 产业的发展。作者本着抛砖引玉的想法，希望今后会有更多、更好的关于 LED 方面的图书与广大读者见面，也希望 LED 方面的专家多出版这方面的图书，以培养和造就 LED 方面更多的专业人才，为迎接 21 世纪光电子产业的到来做好准备。

由于时间仓促，书中错误和不足在所难免，恳请读者批评指正。

作　者

2013 年 5 月

目　录

CONTENTS

第 1 章

认识 LED

20 世纪中叶出现在市场上的第一批 LED 产品，经过 60 多年的发展历程，在技术上已经取得了长足的进步。现在，LED 的发光效率已达到 70 lm/W（流明/瓦特），其光强已达烛光级，辐射光的颜色形成了包含白光的多元化色彩，并且寿命达到数万小时。特别是在最近几年，LED 的产品质量提高了近 10 倍，而制造成本已下降到早期的 1/10。这种趋势还在进一步的发展之中，从而使 LED 成为信息光电子新兴产业中极具影响力的新产品。

下面，请读者跟随本书的讲解，逐步走入 LED 的世界，了解并掌握 LED 的相关概念和最新技术。

1.1 LED 的基本概念

LED 是发光二极管（Light Emitting Diode）的简称，顾名思义，它是一种可以将电能转化为光能并具有二极管特性的电子器件。LED 是一种半导体二极管，与普通半导体二极管一样有两个电极（正极和负极）。LED 在工作时需外加电源，外加的电能也是由这两个正、负电极加入到半导体二极管内。LED 在内部结构上有和半导体二极管相似的 P 区和 N 区，P 区和 N 区相交的界面形成 PN 结。LED 与普通半导体二极管一样是一种允许电流单向导通的器件，如图 1-1 所示。LED 的电流大小是由加在二极管两端的电压大小来控制的，根据加在二极管两端的电压大小，利用通过 LED 的电流最终使 PN 结发光。

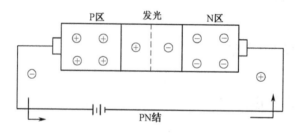

图 1-1 LED 的 PN 结

1.1.1 LED 的基本结构与发光原理

1. 基本结构

LED 器件的制造目的是为了得到光，所以它的结构与普通半导体二极管并不一样。图 1-2 给出了 LED 的结构，图 1-3 给出了 LED 芯片的基本结构。

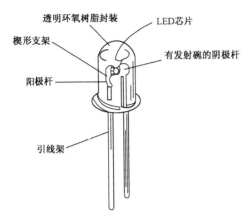

图 1-2 LED 的结构

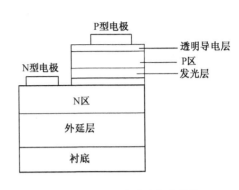

图 1-3 LED 芯片的基本结构

2. 发光原理

LED 是怎么发光的呢？大家知道 P 区带有过量的正电荷（通常称为空穴），N 区带有过量的负电荷（通常称为电子），当正向导通的电压加在这个半导体材料的 PN 结上时，电子就会从 N 区向 P 区移动，在 P 区和 N 区的交界处电子和空穴发生复合，复合过程中能量就会以光的形式从 LED 发射出来，参见图 1-4。

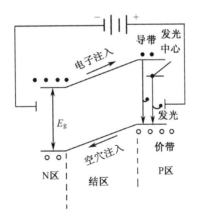

图 1-4 LED 的发光原理

电子和空穴复合可分为两类：一类是伴随光的辐射的复合；另一类是不伴随光的辐射的复合。前者是由于空穴和电子的复合以光（含紫外光、红外光）的形式辐射能量，这是发光的主要机理，也是发光器件所追求的。而后者复合不伴随光的辐射，这对固体发光器件来说是有害的（因为以热的方式辐射而使器件的温度升高），所以对于固体发光器件来说，就是要研究如何增强带有光的辐射形式的复合。因此，研究 LED 芯片原理及应用的目的，就是在半导体 PN 结处流过正向电流时，能以较高的能量转换效率来辐射出 200～1550 nm 波长范围的可见光谱（包括紫外、红外），从而做成实用的发光器件。

3. LED 发光的颜色

根据不同的结构和材料，LED 发光的颜色也是不同的，这由组成的半导体材料决定，通常采用两种有细微差异的材料构成 N 区和 P 区。N 区和 P 区交界处形成的 PN 结组成发光层。P 区和 N 区必须有两个电极作为输入接触电极，同时不同颜色的 LED 都有衬底，衬底的材料也有所不同。为了能使衬底与 P 区能很好地结合，必须采用某种材料作为它们两层之间良好结合的缓冲层。这样就完整地组成了 LED 的基本结构，如图 1-2 所示。

目前，照明领域使用的 LED 有两大类：一类是磷化铝、磷化镓和磷化铟的合金（AlGaInP 或 AlInGaP），可以做成红色、橙色和黄色的 LED；另一类是氮化铟和氮化镓的合金（InGaN），可以做成绿色、蓝色和白色的 LED。

1.1.2 LED 的特点

LED 是通过 PN 结实现电光转换的，其特点为：

（1）**节能**。LED 的能耗较小，随着技术的进步，它现在已成为一种新型的节能照明光源。目前白光 LED 的出光效率已经达到 100 lm/W，超过了普通白炽灯的水平。如果按现在的 LED 技术发展速度预测，到 2015 年，白光 LED 的出光效率有可能达到 150～200 lm/W，远远超过现在所有照明光源的出光效率。

（2）**结构牢固**。LED 是用环氧树脂封装的固态光源，其结构中没有玻璃泡、灯丝等易损坏的部件。同时，LED 是一种全固体结构，能够经受住震动、冲击而不致引起损坏。

（3）**寿命长**。普通白炽灯的寿命约为 1 000 h，荧光灯、金属卤化物灯的寿命不会超过 1 万小时，而 LED 目前的使用寿命可长达数万小时，据研究其使用寿命可达到 10 万小时。

（4）**环保**。现在广泛使用的荧光灯、汞灯等光源中都含有危害人体健康的汞，这些光源的生产过程和废弃的灯管都会对环境造成污染。LED 则没有这些问题，其发光颜色纯正，不含有紫外和红外的辐射，它是一种"清洁"的光源。

除此之外，LED 作为照明用光源还有一些重要的优点。例如，发光体接近点光源，便于灯具设计；发光响应时间快，是交通信号灯的最好光源；易于做成薄型灯具，节省安装空间等。

综上所述，LED 是一种符合绿色照明要求的光源。所谓的"绿色照明"的概念就是指通过科学的照明设计，采用效率高、寿命长、安全和性能稳定的照明电器产品，可以提高人们工作、学习、生活的条件与质量，从而创造一个高效、舒适、安全、经济、有益的环境。

1.2　LED 芯片制作的工艺流程

LED 的制作工艺与半导体器件的制作工艺有很多相同之处，因此，除了个别设备之外，多数半导体设备经过适当的改造后，均可用于 LED 产品的制作。图 1-5 给出了制作 LED 芯片的工艺流程及相应工艺所需的设备。

LED 制作工艺流程可分为两大部分：首先在衬底上制作氮化镓（GaN）基的外延片，这个过程主要是在金属有机物化学气相沉积（Metalorganic Chemical Vapor Deposition，MOCVD）外延炉中完成的，准备好制作 GaN 基外延片所需的材料源和各种高纯的气体之后，按照工艺的要求就可以逐步把外延片做好（具体的工艺做法，这里不详细说明）；接下来是对 LED PN 结的两个电极进行加工（电极加工是制作 LED 芯片的关键工序），并对 LED 毛片进行减薄、划片；然后对毛片进行测试和分选，就可以得到所需的 LED 芯片。

 补充资料

MOCVD 外延炉是最重要的 LED 制造设备，一台 MOCVD 外延炉的造价就要 100 多万美元。MOCVD 是制作 LED 芯片最重要的一种技术，也是投资最大的一个环节。此外，制作电极需要用到光刻机、刻蚀机、离子注入机，这也是一个投资较大的环节。再则是减薄、划片和测试过程。由于生产中使用的蓝宝石衬底的硬度很高，要将其从 400 nm 减到 100 nm 左右，并要求厚度均匀、避免碎片，因此减薄也是一项工艺要求很高的工序。划片机要求使用十分坚硬的刀片，否则不能划断蓝宝石（也可用激光技术）。总的来说，这几台制作 LED 的设备造价都比较昂贵，是生产环节的一个投资重点。

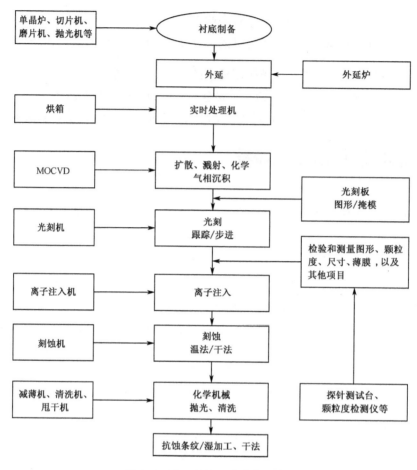

图 1-5 LED 制作工艺的流程图

下面从 LED 的衬底、外延片、PN 结电极三部分来具体讲解 LED 的制作工艺。

1.2.1 LED 衬底材料的选用

对于制作 LED 芯片来说，衬底材料的选用是首要考虑的问题。应该采用哪种合适的衬底，需要根据设备和 LED 器件的要求进行选择。目前市面上一般有三种材料可作为衬底：

- 蓝宝石（Al_2O_3）；
- 硅（Si）；
- 碳化硅（SiC）。

1. 蓝宝石衬底

通常，GaN 基材料和器件的外延层主要生长在蓝宝石衬底上。蓝宝石衬底有许多的优点：首先，蓝宝石衬底的生产技术成熟、器件质量较好；其次，蓝宝石的稳定性很好，能够运用在高温生长过程中；最后，蓝宝石的机械强度高，易于处理和清洗。因此，大多数工艺一般都以蓝宝石作为衬底。图 1-6 所示为使用蓝宝石衬底做成的 LED 芯片。

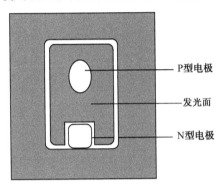

（a）晶粒外观

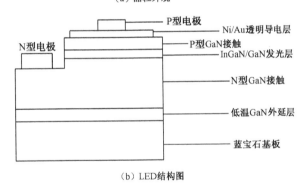

（b）LED 结构图

图 1-6 蓝宝石作为衬底的 LED 芯片

使用蓝宝石作为衬底也存在一些问题，例如，晶格失配和热应力失配，这会在外延层中产生大量缺陷，同时给后续的器件加工工艺造成困难。蓝宝石是一种绝缘体，常温下的电阻率大于 $10^{11}\Omega\cdot cm$，在这种情况下无法制作垂直结构的器件；通常只在外延层上表面制作 N 型和 P 型电极（如图 1-6 所示）。在上表面制作两个电极，造成有效发光面积减少，同时增加了器件制造中的光刻和刻蚀工艺过程，结果使材料利用率降低、成本增加。由于 P 型 GaN 掺杂困难，当前普遍采用在 P 型 GaN 上制备金属透明电极的方法，使电流扩散，以达到均匀发光的目的，但是金属透明电极一般要吸收 30%～40%的光，同时 GaN 基材料的化学性能稳定、机械强度较高，不容易对其进行刻蚀，因此在刻蚀过程中需要较好的设备，这会增加生产成本。

蓝宝石的硬度非常高，在自然材料中其硬度仅次于金刚石，但是在 LED 器件的制作过程中却需要对它进行减薄和切割（从 400 nm 减到 100 nm 左右）。添置完成减薄和切割工艺的设备又要增加一笔较大的投资。

蓝宝石的导热性能不是很好，在 100℃约为 25 W/(m·K)，因此在使用 LED 器件时，会传导出大量的热量；特别是对面积较大的大功率器件，导热性能是一个非常重要的考虑因素。为了克服以上困难，很多人试图将 GaN 光电器件直接生长在硅衬底上，从而改善导热和导电性能。

2. 硅衬底

目前有一部分 LED 芯片采用硅衬底。硅衬底的芯片电极可采用两种接触方式，分别是 L 接触（Level-contact，水平接触）和 V 接触（Vertical-contact，垂直接触），以下简称为 L 型电极和 V 型电极。通过这两种接触方式，LED 芯片内部的电流可以是横向流动的，也可以是纵向流动的。由于电流可以纵向流动，因此增大了 LED 的发光面积，从而提高了 LED 的出光效率。因为硅是热的良导体，所以器件的导热性能可以明显改善，从而可延长器件的寿命。

3. 碳化硅衬底

碳化硅衬底（美国的 CREE 公司专门采用 SiC 材料作为衬底）的 LED 芯片电极是 V 型电极，电流是纵向流动的。采用这种衬底制作的器件导电和导热性能都非常好，有利于做成面积较大的大功率器件。采用蓝宝石衬底和碳化硅衬底的 LED 芯片如图 1-7 所示。

碳化硅衬底的导热性能（碳化硅的导热系数为 490 W/(m·K)）要比蓝宝石衬底高 10 倍以上。蓝宝石本身是热的不良导体，并且在制作器件时底部需要使用银胶固晶，这种银胶的传热性能也很差。使用碳化硅衬底的芯片电极为 V 型，两个电极分布在器件的表面和底部，所产生的热量可以通过电极直接导出；同时这种衬底不需要电流扩散层，因此光不会被电流扩散层的材料吸收，这样可提高出光效率。但是，相对于蓝宝石衬底而言，碳化硅制造成本较高，实现其商业化还需要降低其成本。

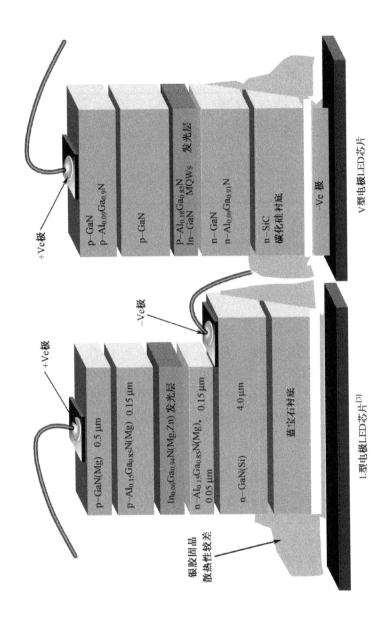

图 1-7 采用蓝宝石衬底与碳化硅衬底的 LED 芯片

4. 三种衬底的性能比较

前面的内容介绍的就是制作 LED 芯片常用的三种衬底材料，这三种衬底材料的综合性能比较可参见表 1-1。

表 1-1　三种衬底材料的性能比较

衬底材料	导热系数 （W/(m·K)）	膨胀系数 （×10E-6）	稳 定 性	导 热 性	成 本	ESD[1]
蓝宝石（Al₂O₃）	46	1.9	一般	差	中	一般
硅（Si）	150	5～20	良	好	低	好
碳化硅（SiC）	490	-1.4	良	好	高	好

注 1：ESD——抗静电能力。

除了以上三种常用的衬底材料外，还有 GaAS、AlN、ZnO 等材料也可作为衬底，通常根据设计的需要选择使用。

1.2.2　制作 LED 外延片

Ⅲ族氮化物半导体材料广泛用于紫色、蓝色、绿色和白色 LED，以及高密度光学存储所采用的紫色激光器，紫外光探测器和大功率高频电子器件。目前市场上的红色和绿色 LED 大多采用的是以液相外延成长法为主的外延技术，而黄色、橙色 LED 的外延层仍以磷砷化镓（GaAsP）材料为主，这是用气相外延成长法生成的。MOCVD 外延炉（也称为 MOCVD 机台）是制作 LED 外延片最常用的设备。

　补充资料

　　LED 芯片的亮度及产品特性主要取决于发光层品质及相应材料的优劣。发光层主要是由单层的 InGaN 量子阱或多层量子阱（Multiple Quantum Well，MQW）组成的。尽管制造 LED 的技术一直在进步，但其多层量子阱的品质并没有成比例增长。其主要原因是，MOCVD 外延炉很难克服发光层中铟（Indium）的高挥发性和氨气（NH₃）的热裂解效率低等问题（氨气与铟的裂解需要很高的温度和极佳的方向性才能顺利地沉积在 InGaN 的表面）。

------

1. 金属有机物化学气相沉积法

金属有机物化学气相沉积（MOCVD）是一种制程过程，该方法利用气相反应物（或是前驱物）及Ⅲ族的有机金属和 V 族的 NH_3 在衬底表面进行反应，从而在其上生成固态沉积物。MOCVD 利用气相反应物的化学反应，将所需的产物沉积在衬底表面。其中蒸镀层的成长速率和性质（成分、晶相）会受到温度、压力、反应物种类、反应物浓度、反应时间、衬底种类、衬底表面性质等因素的影响。温度、压力、反应物浓度、反应物种类等重要的制程参数首先由热力学分析计算得出，再经修正后即可实现可行的程序工艺流程。

反应物扩散至衬底表面、衬底表面的化学反应、固态生长物沉积与气态产物的扩散脱离等微观的动力学过程对制程也有不可忽视的影响。MOCVD 的化学反应过程有：反应气体在衬底的吸附、表面扩散、化学反应、固态生成物的成核与成长、气态生成物的脱附过程等，其中反应速率最慢的过程既是应该控制反应速率的步骤，也是决定沉积膜组织形态与各种性质的关键所在。

2. MOCVD 反应系统的结构

MOCVD 很容易控制镀膜成分、晶相等品质，可在形状复杂的衬底上实现镀膜均匀、结构密致、附着力良好等特点，因此 MOCVD 已经成为工业界主要使用的镀膜技术。MOCVD 的制程因不同用途而有所差异，制程设备也有不同的构造和形态，整套系统大致可分为以下三部分：

- 进料区；
- 反应室；
- 废气处理系统。

进料区可控制反应物的浓度。气体反应物可用高压气体钢瓶质量流量控制器（Mass Flow Controller，MFC）来精确控制流量。而固态或液态原料则需采用蒸发器来使进料蒸发或升华，再以氢气（H_2）或氩气（Ar）等惰性气体作为载体而将原反应物吸入反应室中。

反应室控制化学反应的温度与压力。在反应室里，反应物吸收系统供给的能量，突破反应活化能的障碍而开始进行反应。根据操作压力的不同，化学反应可分为常压化学气相沉积（APCVD）、低压化学气相沉积（LPCVD）、超低压化学气相沉积（SLPCVD）。根据加热方式的不同，化学反应可分为热墙式和冷墙式。热墙式由反应室外围直接加热，并以高温作为能量来源。冷墙式的操作方式包括等离子辅助 MOCVD、电子回旋共振式电浆辅助、高频 MOCVD 及 Photo-MOCVD。

废气处理系统通常由多种装置组成，包括淋洗塔，酸性、碱性、毒性气体收集装置，集尘装置，以及排气淡化装置。废气处理系统用来吸收制程中的废气，使其符合排放标准的要求，不会对人体产生伤害。

外延技术与设备是外延片制造技术的关键所在。气相外延（VPE）、液相外延（LPE）、分子束外延（MBE）和金属有机化合物气相外延（MOCVD）都是常用的外延技术。大量实践证明，MOCVD 是一种工业化的实用技术。当前，MOCVD 工艺已成为制造绝大多数光电子材料的基本技术。

3. MOVCD 反应系统的技术要求

先进的 MOCVD 装置首先应具有一个能同时生长多片均匀材料并能长时间保持稳定的生长系统，该系统不但有很高的产出量，而且能在短时间内生长出具有预定器件结构的单片材料。

精确的过程控制是保证重复和灵活地调整并生产先进 LED 器件复杂结构的必备技术。先进的 MOCVD 设备具有精确的对于载气和反应剂的压力与流量控制系统，配备有快速的气体转换开关和压力平衡装置，并且应选用合适的结构，用于减少反应剂的记忆效应，优化反应剂的浓度，以及改善生长区温度场的均匀分布状况。

优异的控制技术与生产高质量的外延材料密切相关。在实际生产中，必须保持影响外延层性能的参数尽可能恒定，特别要捕捉那些敏感参数并加以特殊关注。严密监控外延过程中如生长速率、组分、掺杂、表面形貌与结晶质量等重要参数。

为确保合理的成品率，材料的均匀性、重复性必须控制在某一统计容许范围内，外延片单片的均匀性生产工艺的选择与定位十分重要。同一炉内片与片之间的性能是否一致，以及不同生产批号之间的参数重复性，都具有重要的意义。

一般情况下，一组理想的 MOCVD 反应系统必须符合下列要求：

（1）提供清净的环境。

（2）反应物在抵达衬底之前应充分混合，从而确保外延层的成分均匀。

（3）反应物气流需在衬底上方保持稳定流动，从而确保外延层的厚度均匀。

（4）反应物提供系统应切换迅速，从而长出上下层接口分明的多层结构。

补充资料

外延片在光电产业中扮演了一个十分重要的角色，而 MOCVD 外延炉是制作外延片的不可缺少的设备。有些专家经常用一个国家或地区有多少台 MOCVD 外延炉来衡量这个国家或地区光电行业的发展规模，这也充分说明了 MOCVD 外延炉的重要性。根据生长的需要，MOCVD 外延炉一次可以制出 11 片或 15 片外延片，有时也可以制出 24 片外延片。用户可以根据产量来选择 MOCVD 外延炉的规模大小。

1.2.3 LED 对外延片的技术要求

LED 对外延片的技术要求主要有以下四点。

1. 禁带宽度适合

LED 的波长取决于外延材料的禁带宽度 E_g。PN 结注入的少数载流子与多数载流子复合发光时，释放的光子峰值波长 λ 与禁带宽度的关系通常可表示为

$$\lambda = 1240 / E_g$$

式中，E_g 的单位为电子伏特（eV），波长的单位为纳米（nm）。当选定了发光波长后，通常可通过多元半导体化合物材料的组分来调整 E_g 的值。例如，对应于 InGaAlp 材料，可选取合适的 Al-Ga 组分配比，以便在黄绿色到深红色的光谱范围内调整 LED 的波长。

2. 制得电导率高的 P 型和 N 型材料

为了制备优良的 PN 结，要有 P 型和 N 型两种外延材料。为获得较大的结电场，P 区和 N 区的载流子浓度应足够高，通常掺杂的浓度不应小于 $1 \times 10^{17}/cm^3$。另外，为了减小正向串联电阻，应尽量选取高迁移率材料，以便获得较高的体电阻率。工艺上，这两种导电类型的材料是通过外延掺杂工艺来得到的。因此，选择适当的外延工艺和掺杂材料，确定适当的掺杂温度和浓度，是能否获得高电导率材料的重要因素。同时掺杂的均匀性也将直接影响 LED 外延材料的质量。

3. 获得完整性好的优质晶体

晶体的错位、空位等缺陷及氧气等外来杂质，将导致复合中的质量问题，从而对发光效

率产生很大的影响。因此，获得完整性好的优质晶体是制造高效率 LED 的必要条件。晶体的完整性与晶体的生长方法密切相关，选择合适的外延技术、精密控制外延层内在质量及各层界面的缺陷，对于制造超高亮度 LED 外延片来讲是至关重要的。

4. 要求发光复合概率大

发光复合概率大对于提高发光效率是必要的，一般采用直接跃迁型半导体材料。四元半导体化合物材料的禁带宽度能随组分变化而变化。晶体结构也会随组分而从直接跃迁型变化到间接跃迁型。在外延材料的结构设计中，如何适当地选择组分对于提高发光效率也是很重要的。

1.2.4　检验外延片

制作好外延片后要对其进行检验，主要从以下几方面来检查外延片：

- 表面平整度；
- 厚度的均匀性；
- 径向电阻分布。

可以通过光强测试仪的两根探针直接接触外延片进行测试，如果外延片表面有非常多的小突起、针孔和六角晶体，那么就会发现有上述现象的外延片发出的光很不稳定、漏电流很大且光强低。如果外延片表面非常细腻，并且光泽度和平整度都很好，那么使用上述方法测量的正向电压会较低，一般在 3～3.3 V 之间，同时发光稳定、光强较高、反向漏电小。

若出现表面质量差、漏电大等情况，其原因很可能是在生长 GaN 外延层时，镓流量与 NH_3 流量没有达到良好的化学计量比以及氮化的时间不同。外延片的质量决定了 LED 芯片的质量，要得到理想的 LED，首先要制作出高质量的外延片。

1.2.5　制作 LED 的 PN 结电极

任何半导体器件最终都要通过电极引线和外部电路相连，金属-半导体界面的性质对整个器件的性能有很大影响，对于 GaN 基发光二极管也不例外。金属-半导体界面接触部分的电流-电压降呈线性关系，相当于一个阻值很小的电阻（也称为欧姆接触电阻）。

由于界面没有势垒，接触部分的电压降与器件内部的电压降相比可以忽略。如果欧姆接触电阻太大，那么将使 LED 器件的正向工作电压 V_f 增大、注入效率降低，并且器件发热、亮度下降、寿命缩短，所以 LED 芯片的 PN 结电极的质量直接影响 LED 器件的质量。

　　PN 结电极的制作工艺一般采用光刻、真空电子束蒸发、湿法腐蚀和剥离等方法。当前普遍采用的 P 型接触电极是镍/铜（Ni/Au），可以使电极具有良好的透光性和电学性能。在 LED 芯片的制作工艺中，为了尽量减少电极之间的相互影响，需要对 N 型电极进行合金。然而在 N 型电极的合金过程中也会对 P 型接触电极产生影响，所以电极管芯在氮气中进行合金时使 P 型接触电极的性能维持不变是很重要的。

1.2.6　LED 的 *I-V* 特性与 *I-P* 特性

　　电极位置的不同对 LED 的 *I-V*（电流-电压）特性也会产生影响。图 1-8 和图 1-9 中的四种芯片都是 L 型接触电极，其 N 型接触电极采用 Ti/Ai/Ti/Au 结构，P 型接触电极用氧化 Ni/Au 透明电极，焊线电极为 Ti/Au，并采用一致性很好的外延片。

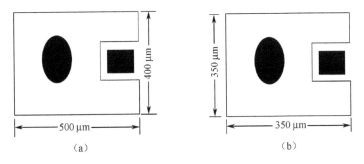

图 1-8　L 型接触电极 I

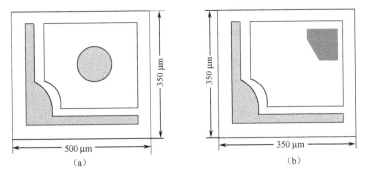

图 1-9　L 型接触电极 II

通过考察图 1-10 的 *I-V* 特性曲线和图 1-11 的 *I-P* 特性曲线，可以看出 LED 芯片在 20 mA 电流以下的 *I-V* 特性和 *I-P* 特性与芯片尺寸的关系不大，但与电极位置有一定关系。P 型焊线电极远离 N 型电极的芯片在 20 mA 电流下的光输出功率高，其正向压降较大。在大电流下，P 型焊线电极远离 N 型电极的芯片很容易饱和，这时若芯片尺寸较大，则其大电流性能要好一些。因此在选择芯片将其封装成 LED 时，要注意芯片两极的位置，尽量做到在同一批芯片中，避免有不同的电极结构，继而防止在不同的电流下工作时出现不同的 *I-P* 特性，结果造成 LED 的性能不一致。

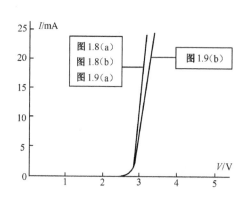

图 1-10　图 1-8 和图 1-9 中芯片的 *I-V* 特性曲线　　　图 1-11　图 1-8 和图 1-9 中芯片的 *I-P* 特性曲线

相对于 L 型接触电极在大电流情况下的工作效果，V 型接触电极的芯片的 *I-P* 特性较好，而且导热也非常好。这种芯片在封装时只需要焊接一根线，因此其抗静电能力好、光输出效率高。

PN 结电极对 LED 器件而言是十分重要的，应重点关注这一部分的制作。对于不同功率的 LED 器件，其电极的结构也不一样，将在 1.3.2 节说明。

1.3　LED 芯片的类型

在讨论 LED 芯片的类型前，首先了解一下半导体光电器件家族的类型。半导体光电器件在最近几年的发展速度非常快，出现了许多新的产品，其用途十分广泛，具体的分类请参见图 1-12。

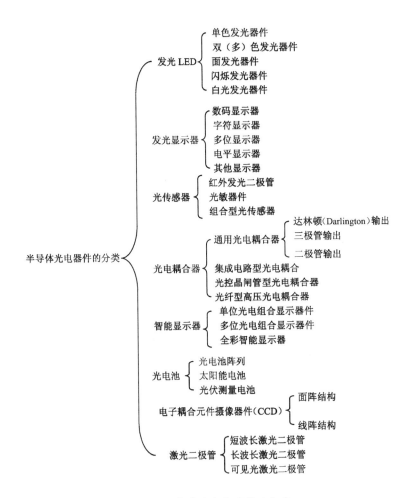

图 1-12　半导体光电器件的分类

目前有很多家生产 LED 芯片的厂商，对于芯片的分类也没有统一的标准。一般情况下，LED 芯片有按芯片功率大小分类的，也有按波长、颜色分类的，还有按材料的不同进行分类的。但无论怎样分类，对 LED 芯片供应商和 LED 芯片采购商来说，LED 芯片应当提供下列技术指标：LED 芯片的几何尺寸、材料组成、衬底材料、PN 型电极材料，LED 芯片的波长范围，LED 裸晶的亮度光强范围，LED 芯片的正向电压、正向电流、反向电压、反向电流，LED 芯片的工作环境温度、存储温度、极限参数等。关于 LED 的技术指标将在第 4 章中详细说明。

1.3.1　根据 LED 的发光颜色进行分类

物体发光的本质是什么？这是一个难以用简单语句回答的问题。光的传播、干涉、衍射和偏振现象可以用波动学说解释。早在 1864 年麦克斯韦（Maxwell）就提出了光是一种电磁波的理论，光的波动性即指光是一种电磁波。电磁波包括电波、微波、红外线、可见光、紫外光、X 射线、γ 射线、宇宙射线等。

通常所谓的光就是指人眼所感觉到的辐射，波长范围为 380～760 nm。颜色与波长的划分如图 1-13 所示，LED 发出的光大部分在可见光的范围内，但是也有红外 LED。经常接触到的红外波长包括 940 nm、880 nm、850 nm，可将这类 LED 做成各种红外接收管和红外发射管。例如，家用电器的遥控收发系统就是由红外发射管和红外接收管组成的。

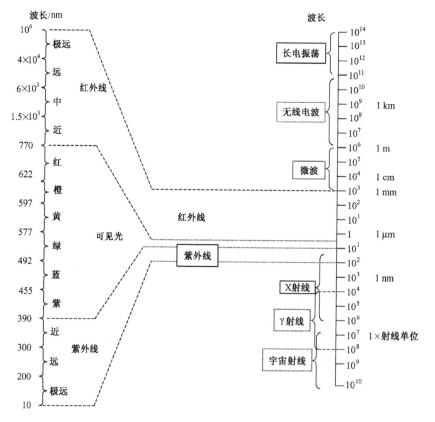

图 1-13　电磁波谱[5]

短波长的有紫外光，紫外光可用来杀菌消毒，也可用做验钞机的光源。防伪越好的纸币要用波长越短的紫外光作为光源进行检验。通常，人民币通过 390～400 nm 波长的紫外光就可以验出，而美元需要 380～390 nm 的紫外光才能验出，欧元则要使用更短波长的紫外光。目前，可以大量供应的是 390 nm 以上的紫外光 LED，波长短于 390 nm 的紫外光 LED 的使用范围较小，其应用有待开发。

1.3.2　根据 LED 的功率进行分类

任何事物都是由小到大、由弱到强发展的，LED 芯片也是如此。在相当长的一段时间内，LED 芯片的电流保持在 20 mA。对于红色和黄色 LED，其电压是 1.9～2.1 V；对于绿色和蓝色 LED，其电压为 3.0～3.6 V。LED 芯片的面积从 8 mil×8 mil（密耳，长度单位；1 mil=0.0254 mm）、9 mil×9 mil 一直到 12 mil×12 mil、14 mil×14 mil，芯片光强也是从几个 mcd（cd，坎德拉；发光强度单位）到几百个 mcd。目前，市场上已出现了 1 W 的 LED 芯片，它的电压仍是 3.0～3.6 V，输入电流是 350 mA；LED 芯片面积也达到 1 mm×1 mm。随着技术的不断进步，还会出现采用更大电流、更大芯片面积的 LED。

按目前市场产品的输入功率进行分类，其输入功率为几十 mW 的单灯，称为传统的小功率 LED；其输入功率小于 1 W 的 LED，叫做功率 LED；对于输入功率等于 1 W 或大于 1 W 的 LED，则叫做 W 级功率（大功率）LED。W 级功率 LED 通常有两种结构：一种是单芯片 W 级功率 LED，另一种是多芯片组合的 W 级功率 LED。按照输入功率不同，LED 的具体分类可参见表 1-2。

表 1-2　按照 LED 的输入功率进行分类

功率等级	芯片面积	输入功率	输入电流	输入电压	封装方式	光通量
小功率 LED	8 mil×8 mil 14 mil×14 mil	60 mW	20 mA	1.9～2.1 V 3.0～3.6 V	ϕ3 mm ϕ5 mm （ϕ为直径）	2～4 lm
功率 LED	20 mil×20 mil	几百 mW	40～100 mA	2～2.3 V 3.0～3.6V	食人鱼封装（参见第 2 章）	4～6 lm
W 级功率 LED	1 mm×1 mm	1 W	200～350 mA	3.0～3.6V	铝基板为热沉	6～50 lm

1.4　LED 芯片的发展趋势

世界上很多专家都曾经预言，随着相关技术的发展，在 2010 年以后 LED 将逐步代替现有的照明灯泡，现已有这样的趋势了。

随着 LED 亮度的不断增大，LED 芯片的体积会不会越来越大？是不是 LED 芯片尺寸越大发光就越强？当 LED 芯片大于 1.666 mm×1.666 mm 时，发光不会与芯片面积成正比增强，而是随着芯片面积的增大，其发光强度将会下降。这个面积最大约是 3 W 功率的 LED 芯片。因此，未来照明用的 W 级大功率 LED 芯片不可能都是由大面积的单芯片 LED 做成，而是将多个芯片组合做成高亮度的光源。

未来的 LED 芯片，一定是朝着提高发光效率的方向发展。根据专家计算，LED 芯片发光效率可达到 200 lm/W。2000 年出现的白光 LED，其发光效率为 10 lm/W，目前市场上已出现 70～80 lm/W 的白光 LED，到 2008 年，白光 LED 的发光效率达到 100 lm/W，所以人们期待的用白光 LED 替代白炽灯、荧光灯的照明时代即将来临。

补充资料

随着白光 LED 的发展，已经出现了几种制造白光 LED 的方法：蓝光 LED 芯片加上 YGB 荧光粉可激发出白光，RGB 三基色按一定比例混合可生成白光，紫外光加上荧光粉可激发出白光。根据技术的不断发展，对单个 LED 芯片加上电流就可以直接发出白光已经在实验室中实现了。利用一些新型的外延材料，可以直接制作发出白光的 LED 芯片，这将是今后发展白光 LED 的一条重要途径。

1.5　W 级大功率 LED 芯片

1.5.1　W 级大功率 LED 芯片的分类

目前，市场上 W 级大功率 LED 的芯片种类很多，各国推出的品种也没有一个统一的标准模式。就目前市场上所见到的 LED 芯片来说，按颜色分有红、黄、橙、蓝、绿，这实际上就是按波长来分类的。目前，此类的芯片很多，例如，按波长划分，波长620～770 nm都属于红光，但具体再区分下去，则有浅红、深红等区别；波长580～620 nm为黄光，再区分下去有浅黄、橙色等；波长500～580 nm为绿光，但具体区分505～510 nm为一挡，510～515 nm为另一挡，515～520 nm又是一挡。因为人眼对绿光比较敏感，所以波长相差5 nm左右就能看出颜色不一样。从波长来说，450～500 nm均属于蓝光，但蓝光芯片主要是用来做白光，其波长必须与荧光粉配合，合成白光，要根据制成白光的相对色温、显色性、光强等要求来选用蓝光芯片和荧光粉。

按驱动LED芯片的电流来分类，目前大功率LED芯片驱动电流也没有统一标准，各种芯片有着不同的驱动电流要求，所能承受的最大电流的标准也不一致。目前，市场所见到的芯片的电流有50 mA、70 mA、100 mA、150 mA、200 mA、350 mA、700 mA，选用芯片时要根据不同的用途来选择，例如，汽车上使用的刹车灯和转向灯，由于汽车的蓄电池电压往往会在10～14 V之间波动，当汽车行驶时可能对蓄电池充电较足，蓄电池的电压可能升得较高，达到13～14 V，这时如果打开刹车灯，通过LED的电流可能高达50～70 mA，如果汽车停用很久，刚启动时蓄电池电压可能只有9～10 V，通过电流只有20 mA左右。所以在选择刹车灯或转向灯时，LED芯片电流容限最好选择大一点，能承受到70 mA左右，这样对汽车灯的使用比较安全。不同的用途有不同的选择标准，可以根据各人使用LED的经验来选择。

按LED芯片面积大小分类，常见的有9 mil×9 mil、20 mil×20 mil、22 mil×22 mil、40 mil×40 mil、60 mil×60 mil，LED芯片面积越大，承受的电流越大，发出的光通量也越多。但是LED芯片面积扩大到一定量时，光通量就无法按比例增大。所以目前常见的LED芯片面积在15 mil×15 mil以下为小功率，20 mil×20 mil～30 mil×30 mil为中功率LED，面积在40 mil×40 mil以上为W级功率LED（大功率LED）。目前市场常用2W大功率芯片。

表1-3、表1-4列举出了目前市场上常见的一些LED芯片的技术指标及其用途，供读者参考。

表 1-3 常见的LED红、黄色芯片

产品名称	芯片波长/nm	芯片面积/mil²	裸晶亮度/mcd	驱动电流/mA	用 途
四元红光	625±5	8，9，10，12	50～120	20	护栏管、数码管、像素管、背光源
红光	600～611	8×9	800～2 000	50	交通灯、背光源、信号标志灯
红光	611～623	8×9	640～1 100	50	交通灯、背光源、刹车灯、景观灯、信号标志灯

续表

产品名称	芯片波长/nm	芯片面积/mil²	裸晶亮度/mcd	驱动电流/mA	用　途
红光	620～630	8×9	500～1 280	50	交通灯、背光源、刹车灯、信号标志灯
红光	627～639	8×9	400～1 000	50	背光源、景观灯、信号标志灯
四元黄光	590±5	8, 9, 10, 12	20～180	20	护栏管、背光源、景观灯
四元橙	604～606/612～614	8, 9	40～80	20	护栏管、背光源、景观灯
黄光	583～595	8×9	500～1 600	50	交通灯、背光源、转向灯、信号灯
黄光	583～595	12×12	500～1 600	70	背光源、转向灯、信号灯
红光	600～611	12×12	800～2 000	70	背光源、刹车灯、信号灯
红光	611～623	12×12	640～1 600	70	背光源、刹车灯、信号灯
红光	620～630	12×12	500～1 280	70	背光源、刹车灯、信号灯
红光	627～639	12×12	400～1 000	70	背光源、信号灯
黄光	583～595	20×20	1 280～4 000	200	背光源、舞台灯、信号灯
红光	611～623	20×20	2 500～6 400	200	舞台灯、景观灯、交通灯、背光源
红光	620～630	20×20	2 000～5 000	200	舞台灯、景观灯、交通灯、背光源
红光	620～630	27×27	5 000～8 000	350	舞台灯、景观灯、交通灯、背光源
红光	620～630	24×24	3 000～6 000	350	舞台灯、景观灯、交通灯、背光源
红光	620～630	20×20	2 000～2 500	150	景观灯、背光源、信号灯、舞台灯
黄光	582～592	27×27	3 000～6 000	350	景观灯、背光源、信号灯、舞台灯
黄光	582～592	20×20	1 500～3 000	150	景观灯、背光源、信号灯、舞台灯

以上所列的是目前市场上常见的红光和黄光 LED 芯片，这类芯片正向电压都在 1.8～2.5 V 之间，要根据不同的用途进行选择，其中一些品种标明为四元，则是由做芯片的材料决定的，一般来说四元的芯片亮度会亮，寿命会长。

表 1-4　常见的蓝绿光芯片

产品名称	芯片波长/nm	芯片面积/mil²	裸晶亮度/mcd	驱动电流/mA	用　途
蓝光	450～470	40×40	1 500～2 500	350	照明、路灯、隧道灯、投光灯
蓝光	450～465	15×15	50～100	20	台灯、背光源、封装φ5 白光达 20 cd 以上
蓝光	465～675	12×14	500～100	20	户外显示屏、背光源

续表

产品名称	芯片波长/nm	芯片面积/mil²	裸晶亮度/mcd	驱动电流/mA	用　途
蓝光	450~475	10×10	300~100	20	护栏管、数码管
绿光	515~535	12×14	500~100	20	护栏管、数码管
蓝光	455~465	12×12	100~200	50	显示屏、背光源、信号灯、车内照明
蓝光	465~475	12×12	100~200	50	显示屏、背光源、信号灯
绿光	520~545	12×12	300~100	50	显示屏、背光源、信号灯
蓝光	450~465	40×40	1 500~2 500	350	路灯、隧道灯、广告屏、白光 65~85 lm/W
蓝光	450~465	40×40	2 000~3 500	700	投光灯、路灯、照明
绿光	515~545	40×40	2 000~3 500	700	投光灯、路灯、照明
绿光	515~545	40×40	1 500~3 000	700	路灯、投光灯
蓝光	450~465	24×24	200~230	150	台灯、白光照明
蓝光	450~465	34×34	550~770	200	白光照明、广告屏、投光灯
蓝光	450~465	40×40	1 050~1 600	350	白光照明、路灯、隧道灯
蓝光	450~465	24×11	10~15 mW	150	白光照明、草坪灯
蓝光	450~465	20×20	40~60 mW	200	白光照明、景观灯
蓝光	450~465	40×40	100~150 mW	350	白光照明、隧道灯、舞台灯
蓝光	450~465	50×50	250~350 mW	700	白光照明、投光灯、隧道灯
蓝光	450~465	60×60	550~750 mW，每 50 mW 分 1 档	700~1 500	路灯、投光灯、隧道灯、舞台灯
蓝光	450~465	40×40	240~450 mW，每 60 mW 分 1 档	350~700	照明、投光灯、隧道灯、舞台灯
绿光	500~535	40×40	10~18 cd	350	投光灯、景观灯、广告屏
蓝光	450~465	28×28	200~350 mW	350	白光照明、投光灯、舞台灯、台灯
蓝光	450~465	24×24	120~175 mW	150	照明、景观灯、舞台灯、台灯
四元绿光	570±5	8×8	20~30 mcd	20	护栏管、数码管、背光源

对于大功率蓝、绿光芯片，目前常见的有以蓝宝石（Al_2O_3）或碳化硅（SiC）为衬底的正装芯片。以蓝宝石为衬底的倒装芯片在出厂时已倒装好，其中的两个电极倒过来，蓝宝石衬底

朝上，这种封装方式可以提高出光效率。目前普遍采用倒装的方式进行封装，一是能提高出光效率；二是可以降低热阻，以利于在 LED 芯片点燃时把热量尽快传出去。目前，常见的 LED 蓝、绿光芯片还有垂直侧面发光的（这种 LED 不同批次的出厂指标可能有差异，因此封装厂要进行进仓检验，也就是进行 IQC 检验，这是必做的工作）。

在封装之前要对 LED 芯片的厚度（高度）、面积进行测试，一般全自动固晶机就有这种功能，它可对 LED 的芯片厚度、面积的完整性进行检测。如果不合格，芯片就不能上固晶台进行固晶，因为芯片厚度对封装成品的光强、角度影响较大。大功率 LED 芯片在封装之前进行测试分档是非常必要的，是保证封装后 LED 芯片指标一致性的必做工作。

前面介绍了目前市场常见的红、黄、蓝、绿 LED 芯片。根据用途来选用 LED 芯片，如同表 1-3 和表 1-4 所示，如果要求亮度高，就要按照驱动电流和裸晶亮度这两个指标来选择；如果为了确定 LED 芯片要选用什么支架（热沉），则要考虑 LED 芯片的面积和高度。所以无论是封装厂还是 LED 灯具制造厂，如果要做出好的器件或灯具，首先要考虑的是 LED 芯片指标，然后根据封装后 LED 器件的技术指标来选择芯片。这样才能封装出较好的器件，做出好的 LED 灯具。

1.5.2 大功率 LED 芯片的测试分档

在 1.5.1 节中，根据大功率 LED 芯片的颜色、芯片面积、裸晶芯片亮度及使用的驱动电流等几个指标，对其进行了分类；本节主要介绍在其封装之前，对大功率 LED 芯片在一定的驱动电流下发出的光进行分档，这样可使封装出来的产品在同一驱动电流下发出的光符合要求的范围。例如，目前市场上常见的 LED 出光效率为 60～70 lm/W，也就是说封装好的产品的出光效率应在 60～70 lm/W 之间，这样使用这种 LED 时就方便设计和配光。

如果芯片事先不进行这类分档，封装后的成品出光效率可能参差不齐，所以在进行大功率 LED 封装之前，必须对 LED 芯片的光强进行分档。

大功率 LED 在封装后必须对其光通量、光强、色温、角度、热阻等指标进行测试和分档，但在封装之前进行一些基本参数测试也是必要的，一是检验厂家的芯片指标与其标识值是否一致；二是在同样电流、同样温度条件下进行测试，对光通量、光强进行分档，则封装成品后其光通量、光强相差不会太多。这样可以提高成品率，满足用户的要求。

1.5.3 大功率 LED 芯片制造技术的发展趋势

目前，大功率 LED 存在的主要问题是大部分电能消耗在发热上，所以 LED 发光效率很低，而发热却十分严重。未来的技术趋势是非极性面外延（5～8 年）、GaN 衬底外延（8～10 年）；非极性面生长技术能有效降低内建极化场，为提高内量子效率提供了一个新的选择，有望突破目前三基色 LED 集成的最大障碍。解决绿光 LED 的出光效率问题，这使得实现暖色调及可调色为白光 LED 照明成为可能。

专家们认为 GaN 衬底生长技术能有效减少缺陷，控制非均匀性是从根本上解决大电流条件下出现的光电效率衰减趋势，预计 8～10 年就能有所突破。

当前，最大的技术问题是"两高两低"：提高内量子效率和出光效率，降低光衰（提高寿命）与降低成本。大功率 LED 最终的功率效率取决于整个生产流程中的电注入效率、内量子效率、出光效率、封装效率、光转换效率；内量子效率和出光效率两大指标需要极大提高。

大功率 LED 在大电流条件下出现光电效率的衰减是比较大的问题，当前解决出光效率的技术首选垂直结构芯片，垂直结构的 clo-LED 和低成本的硅（Si）衬底的薄膜生长技术在短期仍将保持优势，激光剥离的大尺寸垂直结构 LED 是目前实现高亮度、功率型白光 LED 的最佳方案，与传统工艺相比，不仅出光效率高、正向压降小、远场辐射好，而且其出光效率不会随管芯尺寸的增加而显著降低，是提高内量子效率的首选。在大电流注入的情况下，垂直结构 LED 的光电转换效率衰减趋势也比原有工艺减缓很多，使用光子晶体是提高外量子效率的必经之路。现有蓝宝石衬底的技术在未来 3～5 年内也不可替代，显色指数可在 70、80、90 范围内挑选；目前国内芯片在实验室也可达到 170 lm/W，衬底材料中蓝宝石和与之配套的垂直结构的衬底剥离技术仍将在较长时间内占统治地位。

总之，目前市场所见到大功率 LED 如表 1-3 和表 1-4 所示，封装厂商和灯具厂商要根据不同的用途来选择芯片，选择的依据就是表中所列的相关参数。LED 上游产品日新月异、变化很快，随着技术的不断进步、工艺的不断改进、新材料的不断出现，大功率 LED 芯片会随着时代的进步而不断提高质量。随着新工艺、新材料、新设备的出现，一定会涌现出品质更好、适合各方面需要的 LED 芯片，大功率 LED 将会成为第四代照明光源的主体。

1.6 有机发光半导体

1.6.1 有机发光二极管发展经历

有机发光二极管（Organic Light-Emitting Diode，OLED）最近几年来发展得较快，20 世纪八九十年代曾有较多单位在研究 OLED，但由于技术进展缓慢，成本费用较高，有许多单位停止了研究，全世界只剩下 2～3 家仍在继续研究。据报道，OLED 技术研究起源于邓青云博士（Dr. Ching Wan Tang），他 1947 年出生于香港，1970 年在英属哥伦比亚大学获得化学理学士学位，1975 年在康奈尔大学获得物理化学博士学位，同年邓青云在柯达公司 Rochester 实验室从事研究工作。1979 年的一天晚上，他在回家的路上忽想起有东西忘记在实验室，在返回到实验室时他发现一块实验用的有机蓄电池在黑暗中闪闪发光，从而开始了对 OLED 的研究。1987 年柯达公司的汪根祥博士和同事 Steven 成功地使用类似半导体 PN 结的双层有机结构，第一次做出了低电压高效率的发光体。1990 年，英国剑桥的实验室也成功研究制出了高分子有机发光体，1992 年剑桥成立了显示技术公司 CDT（Cambridge Display Technology），这项发现使得 OLED 的研究走向了一条新的途径，与柯达公司并驾齐驱地开展了互相促进的研究。

1.6.2 OLED 基本结构

OLED 的基本结构是一薄而透明具半导体特性的铟锡氧化物（Indium Tin Oxide，ITO）与电的正极相连再加上另一个金属阴极，整个结构层中包括阴极（−）、发光层（Emissive Layer，EL）、空穴与电子在发光层中结合产生的光子、导电层（Conductive Leyer）、阳极（+），如图 1-14 所示。

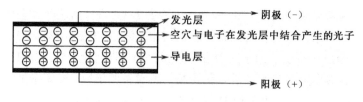

图 1-14 OLED 基本结构

当加上适当电压时，正极中的空穴与负极中的电子会在发光层中结合产生光子，依其材料特性的不同产生红、绿和蓝光子，即 RGB 三原色，OLED 的特性是自发光，不像 TFT LCD

那样需要背光。

OLED 的特点是：可视角大，基本无视角问题，亮度高，且驱动电压低、电效率高、反应快、重量轻、厚度薄、构造简单、成本低等，是 21 世纪最具前途的产品之一。

1.6.3　OLED 的驱动方式

OLED 的驱动方式分为主动和被动两种，被动式依靠定位发光点亮；主动式在每个 OLED 单元背后增加一个薄膜电晶体，接到电流指令则点亮。简单地说，主动指的是在显示器内打开或关闭像素的电子开关式。有机半导体（小分子和聚合物）没有能滞，因此在电荷载流子运动过程中没有广延态，受激分子的能态是不连续的，不产生余辉。在实际的 OLED 中，有机半导体典型的载流子移动能力为 $10^{-3} \sim 10^{-6}$ cm^2/V·s，因为这太小，故 OLED 器件需要较高的工作电压，如一个发光强度为 1 000 cd/m^2 的 OLED，其工作电压为 7~8 V。由于同样的原因，OLED 受空间电荷限制，其注入的电流密度较高。通过一厚度为 α 的薄膜的电流密度为

$$J=(9/8)eM(V^2/\alpha^3)$$

式中，e 是电荷常数，M 是载流子迁移率，V 为薄膜两端的电压。

有机发光二极管所用的物料是有机分子或高分子材料，将来可望应用于制造低价、可弯曲显示屏幕、照明设备、发光衣或装饰墙壁。

到目前为止，发绿光的 OLED 是最有效的器件，这是因为人眼对绿光最为敏感。当掺进不同杂质时，发光强度会增强，如掺 Alq 杂质的器件具有 5~6 lm/W 的发光效率。但随着发光强度的增大，发光效率将因驱动电压的增加而降低，因此，OLED 技术可能更适用于不需要有源矩阵驱动的小尺寸、低显示容量的显示器件。

对 OLED 器件的寿命也有过一些报道，当 OLED 器件维持在一恒定电流的条件下，测量从初始亮度下降至一半亮度的时间一般是 1 000~3 000 h，随着技术工艺上的进步，OLED 的寿命一定会提高。据报道，目前 OLED 器件的存储寿命约为 5 年。

OLED 的影像产生方法和 CRT 一样，都是由三色 RGB 拼成一个彩色图案，因为 OLED 的材料对电流接近线性反应，所以能够在不同的驱动电流下显示不同的色彩和灰度。OLED 可以做得很薄，厚度为目前液晶的三分之一。另外，OLED 为全固态组件，抗震性好，能适应恶劣的环境。OLED 的另一项特性是其低温适应能力好，液晶器件在-75℃时即会破裂，而 OLED 只要电路未受损就能正常显示。

目前全世界有 100 多家厂商从事 OLED 生产，当前技术发展方向分成两大类：日韩和我国台湾倾向于柯达公司低分子 OLED 技术，欧洲厂商则以 OLED 为主。两大集团中除了柯达联盟之外，另一个以高分子聚合物为主的飞利浦公司现在也联合了 EPSON、Dupont、东芝等公司全力开发自己的产品。2007 年第二季度全球 OLED 市场的产值已达到 1 亿 2340 万美元。

1.6.4　中国 OLED 产业的发展情况

中国企业早在 2005 年，清华大学和维诺公司决定开始建设 OLED 大规模生产线，已在昆山建设了 OLED 大规模生产线。广东省也积极上马 OLED 生产线建设，2009 年 12 月广东已建和筹建的 OLED 生产线项目有 5 个，分别是汕尾信利小尺寸 OLED 生产线、佛山中显科技的低温多晶 TFT（薄膜场效应电晶体）AMOLED 生产线、东莞宏威的 OLED 显示幕示范生产线项目、惠州茂勤光电公司的 AMOLED 光电项目，以及彩虹在佛山建设的 OLED 生产线项目。在 OLED 微型显示器方面，云南北方实雷德光电科技股份有限公司是世界第二家，中国第一家具备批量生能力的 AMOLED 微型显示器的产家。全世界 OLED 产业 2009 年的产值为 8.26 亿美元，比 2008 年增长 35%，目前中国已成为全球最大的 OLED 应用市场，我国的手机、移动显示设备及其他消费电子产品的产量都超过全球产品的 50%。

第2章

LED 封装

LED 芯片只是一块很小的固体，它的两个电极要在显微镜下才能看得见，加入电流后它才会发光。在制作工艺上，除了要对 LED 芯片的两个电极进行焊接，从而引出正、负电极之外，同时还要对 LED 芯片和两个电极进行保护，因此，就需要对 LED 芯片进行封装。

LED 封装技术是在半导体分立器件封装技术基础上发展与演变而来的，将普通二极管的管芯密封在封装体内，其作用是保护管芯和完成电气互连。对 LED 的封装则是为了实现输入电信号、保护芯片正常工作、输出可见光的功能，其中既有电参数又有光参数的设计及技术要求。

LED 的核心发光部分是由 P 型和 N 型半导体构成的 PN 结芯片，当注入 PN 结的电子与空穴产生复合时，就会发出可见光、紫外光和近红外光。但 PN 结区发出的光子是非定向的，即向各个方向发射的概率相同，因此并不是芯片产生的所有光都可以发射出来。能发射出多少光，取决于半导体材料的质量、芯片结构、几何形状、封装内部材料与包封材料，因此，对于 LED 的封装，要根据 LED 芯片大小、功率大小来选择合适的方式。

本章将介绍常用的封装方式，如引脚式封装、平面式封装，还将引入表面贴片二极管（SMD）和食人鱼封装技术，最后，还将重点讲解大功率 LED 封装。

2.1 引脚式封装

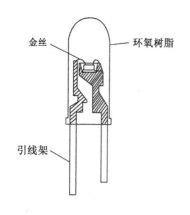

金丝

环氧树脂

引线架

图 2-1 引脚式封装示意图

LED 引脚式封装采用引线架作为各种封装外形的引脚，常见的是直径为 5 mm 的圆柱形（简称 φ5 mm）封装。这种技术就是将 LED 芯片黏结在引线架（一般称为支架）上，芯片的正极用金丝键合连到另一引线架上，负极用银浆黏结在支架反射杯内或用金丝和反射杯引脚相连，然后顶部用环氧树脂包封，做成直径为 5 mm 的圆形外形，如图 2-1 所示。

这种封装技术的作用是保护芯片、焊线金丝不受外界侵蚀，固化后的环氧树脂可以形成不同形状而起到透镜的作用，从而控制光的发射角。芯片的折射率与空气折射率相差很大，从而使芯片内部的全反射临界角很小，因此芯片发光层产生的光只有小部分被取出，大部分在芯片内部经多次反射而被吸收。选用相应折射率的环氧树脂作为过渡，可以提高芯片的出光效率。环氧树脂构成的管壳具有很好的耐湿性、绝缘性和高机械强度，对芯片发出的光的折射率和透光率都很高，并且还可以选择不同折射率的封装材料。芯片外形的几何形状对出光效率的影响是不同的，出光光强的分布与芯片结构、光输出方式、封装透镜所用的材质和形状有关。

2.1.1　工艺流程及设备

引脚式封装最常用的是 ϕ 3 mm、ϕ 5 mm、ϕ 8 mm 和 ϕ 10 mm 单芯片的封装方式，封装的工艺流程及设备如图 2-2 所示。

按照上述详细步骤，配合良好的管理机制和生产环境，就有可能制造出品质优异的 LED 产品。对于采用引脚式封装的 LED，总的要求为

- 出光效率要高，要选择好的芯片和封装材料进行一次光学设计，采用合适的工艺，精心操作，达到理想的出光效率；
- 均匀性好，合格率高，黑灯率控制在 3/10 000 以内；
- 光斑均匀，色温一致，引脚干净无污点。

2.1.2　管理机制和生产环境

1. 人的因素

管理和环境是做好 LED 产品的关键。人、物、设备、生产环境是做好 LED 的四个重要因素，但最关键的是人的因素。做好产品一定要按 ISO 9000 质量体系的要求认真落实，产品质量的好坏是靠人做出来的，每个工作人员的职责要十分明确。

- 现场物料管理一定要标识清楚，存放位置要固定，不能随意乱拿乱放，防止产生物料混杂；严禁物料拿错、配错、过期、受潮，一旦不注意就会使整批产品报废。
- 设备要定期检修、核对，一定要检验每道工序做出的首件产品。
- 工艺管理要严格，制作工艺要合理，每道工序都要有记录，千万不能随意改变工艺[①]。

---

①LED 芯片 PN 结的工作温度不要超过 120℃，但是对于银浆烘干，要求以 150℃烘烤 60～90 min，芯片固晶后进一次烘箱以 150℃烘烤 90 min。制造白光 LED 要涂覆荧光粉，涂完后还要以 150℃烘烤 60 min。涂有散射剂的 LED 还要再进一次烘箱，以 150℃烘烤几十分钟。这对管子的寿命也有影响，烘干温度最好根据胶固化温度与时间来定，尽量使时间长一点，温度低一点。

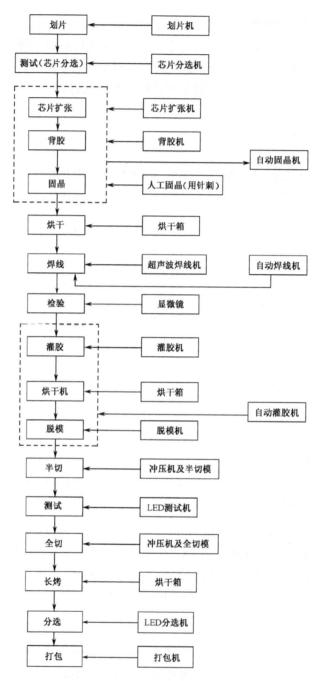

图 2-2　引脚式封装的工艺流程及设备

2. 有效防止静电

封装 LED 的车间环境要求最好是净化厂房（净化厂房一般是 10 万级即可，局部要求洁净，达到 1 万级就可以），它的要求不像集成电路制造那么高，只要求温度和湿度可调控，但很多封装 LED 的厂房都不一定配有净化设备，湿度与温度也不能自行控制。

静电是看不见、摸不着的东西，但它对 LED 芯片的损害很大，因此 LED 封装工艺对防静电要求很高。封装车间应当具备防静电地板、防静电桌椅；工作人员应当穿戴防静电服。有人曾经做过实验，对采用特殊的防静电加工封装的蓝光 LED 和没有注意防静电加工封装的 LED，同时做老化寿命实验，有防静电处理的蓝光 LED 的半光衰时间为 9 000 h，而一般封装的蓝光 LED 的半光衰时间只有 3 000 多小时，这说明防静电是十分重要的。

车间内的潮湿度与静电紧密相关，若相对湿度是 80%～90%，人与桌面摩擦产生的静电为 400～500 V；而当相对湿度为 30%～40% 时，人与桌面摩擦所产生静电可能达到 1 500～2 000 V，这么高的静电足以击穿 LED 或造成 LED 损伤，从而使 LED 的寿命缩短和产品的可靠性降低。表 2-1 列出了人体动作所引起的静电电压数值，供读者参考。

表 2-1　人体动作引起的静电

人 体 动 作	产生的静电电压/V	
	相对湿度 （10%～20%）	相对湿度 （65%～90%）
人在合成地毯上行走	35 000	1 500
人在塑料地板上行走	12 000	250～750
在地毯上滑动塑料盒	18 000	15 000
在塑料泡沫椅垫上坐一下	18 000	15 000
坐在椅子上工作	6 000	100
从印制板上撕下胶带	12 000	1 500
拿起塑料袋	7 000	600
启动吸锡器	8 000	1 000
用橡皮擦拭印制电路板	12 000	1 000
撕下芯片上的蓝膜	8 000	1 500

3. LED 点亮时的热量导出

LED 点亮时所产生的热量导出是封装 LED 和使用 LED 时都必须解决的问题，这也是延长 LED 使用寿命的关键所在。

引脚式封装芯片中产生的 90% 以上的热量，是由负极的引脚散发至印制电路板，然后又散发到空气中的。如何降低工作时 PN 结的温升是封装与应用时必须考虑的问题。从封装的角度来看，尽量采用导热好的金属作为引脚，目前有铁支架和铜支架两种，铜支架导热性能要比铁支架好。根据实验，使用铜支架的 LED 芯片要比使用铁支架的光衰慢一半。

从使用的角度来看，热量从引脚导出来，为了把热量散出去，也应该采取一些办法。例如，把印制电路板上的薄铜板面积加大，便于散热。在必要的时候，可以在薄铜板上再灌入导热胶，让热量从导热胶传导出来并与外面的金属机壳相连，其散热效果会更好。还有一种在大屏幕显示系统中应用很广泛的双色型 LED，它由两种不同发光颜色的芯片组成，封装在同一环氧树脂透镜中，除发射本身的双色光外还可能获得第三种混合色光，对于这种 LED 要特别注意散热效果。

2.1.3　一次光学设计

1. 一次光学设计与二次光学设计

将 LED 芯片封装成 LED 光电器件，必须进行光学设计，这种设计在业内称为一次光学设计。一次光学设计主要是决定发光器件的出光角度、光通量大小、光强大小、光强分布、色温范围和色温分布等。在使用 LED 发光器件时，整个系统的出光效果、光强、色温的分布状况也必须进行设计，这称为二次光学设计。

二次光学设计必须在 LED 发光器件一次光学设计的基础上进行。一次光学设计是保证每个 LED 发光器件的出光质量，二次光学设计则是保证整个发光系统（或灯具）的出光质量。从某种意义上来说，只有封装设计（即一次光学设计）合理，才能保证系统的二次光学设计顺利实现，从而提高照明和显示的效果。

2. 一次光学设计的三大要素——芯片、支架、模粒

引脚式封装出光效率的高低、效果的好坏，关键是三大要素的组合：

- LED 芯片是发光的主体，发光多少直接与芯片的质量有关；

- 支架承载着芯片，起着固定芯片的作用，支架碗的形状、大小及与芯片的匹配，对出光效率起着重要的作用；
- 模粒灌满环氧树脂之后就成为透镜，出光的角度和光斑的质量都与模粒形成的透镜有关。

LED 发光器件的一次光学设计主要是由芯片、支架、模粒三要素决定的，根据这三者之间的相互作用，一次光学设计可分为折射式、反射式和折反射式三种[7]。

3. 折射式

折射式 LED 设计的主要对象是设计折射面的面形，即模粒的形状。聚光曲面可分为球面和非球面（球面出光结构如图 2-3 所示），聚光曲面包容的立体角有限，有 70%～80%的光从封装的侧面泄漏，因此效率较低。

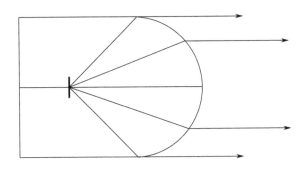

图 2-3　折射式球面出光示意图

在管芯处增加反光杯，可以将管芯侧面发出的光线收集，这在一定程度上可以提高集光效率，但相应会增大发光面的尺寸，从而增大发散角。如果要求光束很窄、近似为平行光时，必须增大 LED 的封装尺寸，相当于加长焦距，因而限制了应用范围，因此，增加反光杯不能从根本上解决集光效率低的问题。

集光效率与聚光曲面所包容的立体角成正比，立体角越大，集光效率就越高。折射式 LED 利用单个折射面聚光，包容立体角较小，聚光能力有限。只有采用反射式才能大幅度提高包容的立体角。

4. 反射式——背向与正向

背向反射式的结构如图 2-4 所示，反射面为一镀有反射膜的抛物面，管芯位于抛物面的焦点上，发出的光线经抛物面反射，光线的出射方向与管芯的发光方向相反。

这种方式的集光效率非常高，可达 80%以上，但实际应用时要考虑两个问题，一是 LED 横向尺寸比纵向尺寸大 4 倍，只能适用于纵向尺寸较小或很薄的情况；二是光束中心处发散角稍大，管芯到顶点的距离为焦距 f，而管芯正面对着顶点，此时发散角 $W=L/f$（L 为管芯的最大尺寸）。在边沿处反射面到管芯的距离为 $2f$，因此发散角比中心处要小很多。此外，电极和管芯对光线有遮挡，在设计时要注意，否则会出现光斑，影响点亮效果。

正向反射式的结构如图 2-5 所示，反射面仍是抛物面，但与背向反射使用的区域不同。背向反射用的是底部，即抛物面顶点到焦面之间的区域，由于光线在这一区域的入射角不满足全反射，因此必须镀上反射膜。正向反射使用的是抛物面的侧面部分，光线入射角大于 45°，满足全反射条件。对于这种方式，尽管没有利用管芯正面发出的光，但仍可实现 80%以上的集光效率。正向反射式 LED 不用镀膜，工艺简单，其横向尺寸与纵向尺寸基本相当，光束发散角小，并且光线没有遮挡。

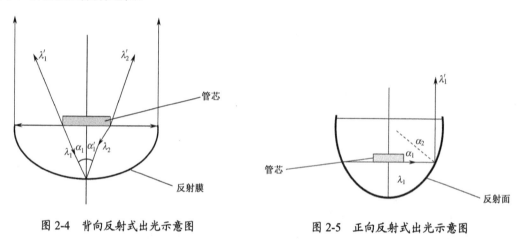

图 2-4 背向反射式出光示意图   图 2-5 正向反射式出光示意图

5. 折反射式

如果 LED 管芯正面发光较强或为了减小纵向尺寸，可采用如图 2-6 所示的结构，在正向反射式的基础上增加一个折射面而起到聚光作用。与现有 LED 不同的是，这种方式将侧面泄漏的光线向前反射，从而增大集光效率。

正向反射式和折反射式的样品 LED 的立体角可以分别到达 4.7 和 5，比目前的折射式 LED 集光效率提高两倍以上，这种新型光学设计的 LED 具有集光效率高和光束质量好等优点。

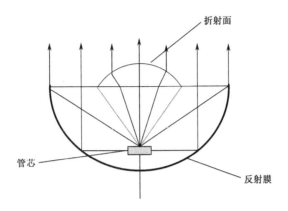

折射面

管芯

反射膜

图 2-6 折反射式出光示意图

根据以上几种基本的光学设计，将支架、模粒和芯片放置的位置相互配合，可以得到理想的光源。要使封装的 LED 出光效果更好，必须认真选择封装材料（环氧树脂）的折射率和透光率。LED 芯片和蓝宝石衬底的折射率在 2.5～3 之间，起着透镜作用的环氧树脂的折射率在 1.45～1.5 之间。根据光折射率的规则，环氧树脂的折射率最好应在 1.7～1.8 之间，所以应选择折射率接近 1.7 的环氧树脂，这样出光效率会更高。但是，目前环氧树脂的折射率最好的也只能达到 1.5，所以对新的封装材料的研究是努力提高其折射率，使之能达到 1.6 以上，这样出光效率就会提高。

引脚式封装是目前 LED 封装中最普通、最常用的一种封装形式，但目前引脚式封装普遍存在着散热问题、发光效率问题、使用寿命问题及器件的一致性问题，因此在封装方面，有待于研究并提高的是封装使用的材料、工艺等。目前有实验表明，采用硅树脂调和荧光粉做成 ϕ 5 mm 的白光 LED，其使用寿命可以提高到上万小时，这说明引脚式封装的研究还是大有文章可做的。

2.2 平面发光器件的封装

平面发光器件是由多个发光二极管芯片组合而成的结构型器件。通过发光二极管芯片的适当连接（包括串联和并联）和合适的光学结构，可构成发光显示器的发光段和发光点，然后由这些发光段和发光点组成各种发光显示器，如面发光显示器、数码管、符号管、"米"字管、矩阵管、光柱等。

使用发光二极管做成的平面显示器与其他显示器件（如一般的荧光显示器、电子发光显示器、等离子显示器、真空灯丝显示器等）相比，具有工作电压低、省电、多色、色彩鲜明、寿命长、耐振等特点。

图 2-7 给出了平面发光器件的各种类型，下面具体介绍数码管及单色和双色点阵的封装工艺。

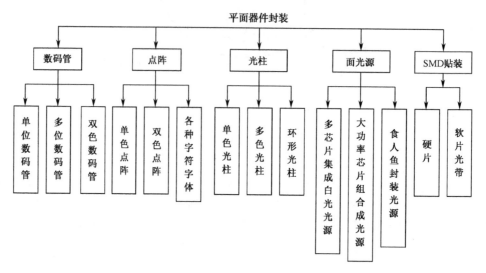

图 2-7　平面发光器件的各种类型

2.2.1　反射罩式数码管制作

LED 发光显示器可由数码管、"米"字管、符号管和矩阵管组成各种显示器件。数码管有反射罩式、单片集成式，它们大都是由多个芯片以共阳极和共阴极两种电路组成的。

反射罩式数码管一般使用白色塑料做成带反射腔的 7 段式外壳，将 LED 芯片黏在与反射罩的 7 个反射腔互相对应的印制电路板（Printed Circuit Board，PCB）上。每个反射腔底部的中心位置就是 LED 芯片，以形成发光区域，如图 2-8 所示。

在安装反射罩前，在芯片和印制电路板上通过压焊方法，使用 $\phi 3.0~\mu m$ 的硅丝或金丝把芯片与印制电路板上的电路连接好。在反射罩内滴入环氧树脂，再把带有芯片的印制电路板与反射罩的对应位黏合，使之固化。为了满足用户的需要，发光区的背景颜色通常是黑、灰、有色散射等。

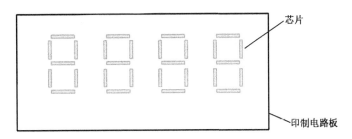

图 2-8　反射罩式数码管示意图

反射罩式数码管具有字形大、用料省、组装灵活等优点。反射罩式数码管的封装方式有空封和实封两种。图 2-9 为实封方式的示意图，这种方式采用环氧树脂把 LED 芯片黏合在印制电路板上，并用铝丝或金丝把芯片与线路连接，然后在反射罩正面粘贴上高温胶带，把环氧树脂灌满，最后将焊好 LED 芯片的印制电路板对准空位压好，让其固化。

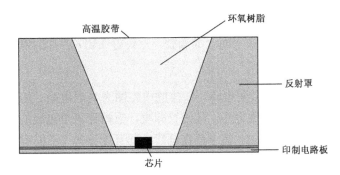

图 2-9　实封方式示意图

图 2-10 为空封方式示意图，这种方式在出光面上盖有滤色膜和匀光膜，首先将 LED 芯片黏合在印制电路板上，用铝丝或金丝把芯片与电路连接好，然后在反射罩正面贴上滤色膜和匀光膜。

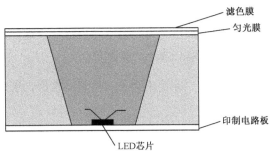

图 2-10　空封方式示意图

对数码管的品质要求为：发光颜色均匀，封装表面平整，没有杂物或气泡，视角要宽，整体器件要平整，没有变形和弯曲，下面给出几种常见的数码管。

2.2.2　常见的数码管

1. 4 位 0.4 英寸的数码管

图 2-11 所示为 4 位 0.4 英寸（1 英寸≈2.54 cm）的数码管，将一片电路板做成 28 个画线和 4 个小数点，两边都插上拼脚。在每个组成的"日"字（"8"字）中，每一画都是单独固定一个 LED 芯片，然后烘干后焊好，所以一个"日"字中有 7 个芯片，旁边的一个小数点也是一个 LED 芯片，4 位"日"字就有 32 个 LED 的芯片。

这种芯片的亮度比较低，一般只在 10 mcd 以内，但要求电压一致性和亮度一致性要好。焊线可以采用硅铝丝或金丝；此外，还有一个压有 4 位"日"字的塑料反射盖。反射盖表面先贴好高温胶带，然后翻过来平放在平面上灌满胶，把焊好 LED 芯片的电路插入反射盖内，烘干后就成为现成产品。

图 2-11 中 A 排的电路图为共阴电路，B 排的电路图为共阳电路。加直流电源时要认真对照，不要把电源正负极性接错。通电后，数码管即亮，应检查每个画线的亮度是否一致，同时要检查每个画线中不能有任何杂物，更不能在画线之间互相串光（不能有亮着的画线把光线串到不亮的画线中）。

2. 1 位 1.5 英寸双色数码管

1 位 1.5 英寸双色数码管的使用与 4 位 0.4 英寸的数码管一样，但是要加入两组电源，如图 2-12 所示。

图 2-12 中 A 为共阴电路接法，电源的负极从 1 端加入，正极从 7、6、4、3、2、9、10、8 端加入，接通电源后可点亮为一种颜色；另一组电源负极从 5 端加入，正极从 7、6、4、3、2、9、10、8 端加入，接通电源后可点亮为另一种颜色。

数码管由于电压低、发光强度高、使用寿命长、抗震动性好，所以它可直接与仪器仪表相接，用途十分广泛。

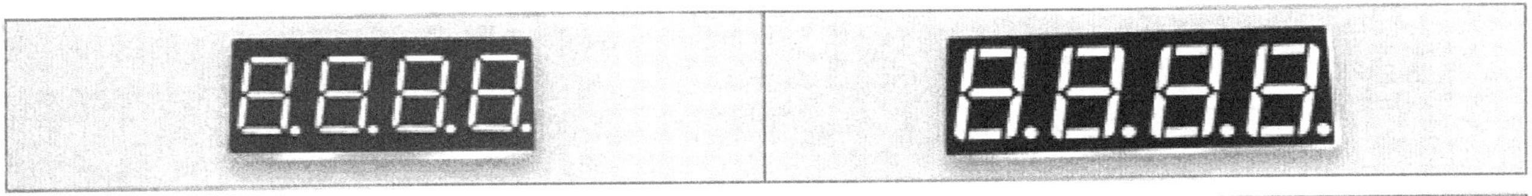

封装描述	型号		芯片		光电特性 (I_f=20 mA)		
			材料	发光颜色	λ_p/nm	V_f/V	I_v/mcd
单片 0.4英寸	KSS-04129R	KSS-04229R	Gap	绿	660	2.1	0.5
	KSS-04129SR	KSS-04229SR	GaALAs	红	645	1.8	3
	KSS-04129G	KSS-04229G	Gap	绿	570	2.1	2

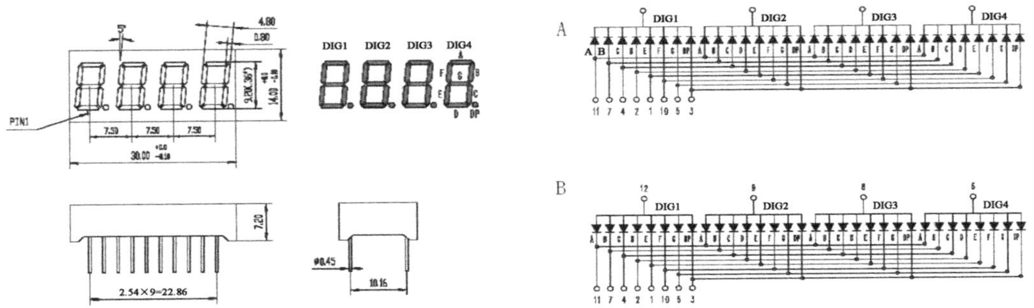

图 2-11　4 位 0.4 英寸的数码管

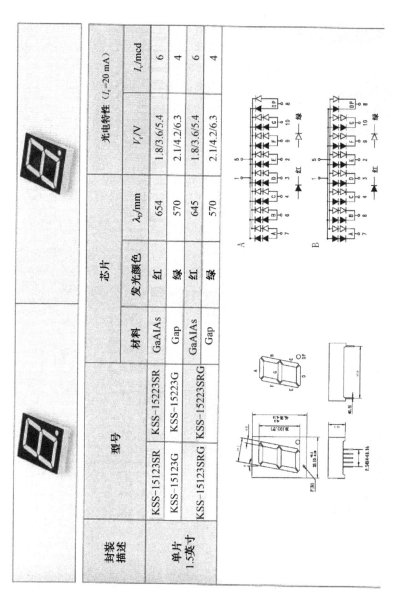

封装描述	型号		芯片			光电转移特性 $(I_f=20\ \text{mA})$		
			材料	发光颜色	λ_D/mm	V_f/V	I_v/mcd
单片 1.5英寸	KSS-15123SR	KSS-15223SR	GaAlAs	红	654	1.8/3.6/5.4	6
	KSS-15123G	KSS-15223G	Gap	绿	570	2.1/4.2/6.3	4
	KSS-15123SRG	KSS-15223SRG	GaAlAs	红	645	1.8/3.6/5.4	6
			Gap	绿	570	2.1/4.2/6.3	4

图 2-12　1 位 1.5 英寸双色数码管

2.2.3　单色和双色点阵

单色和双色点阵的封装方法与数码管相似，也是先做出一块电路板，然后在电路板上把线路配好，将 LED 芯片固晶后焊在做好的电路板上。塑料制成的反射盖表面先贴好高温胶带，再翻过来把胶灌满塑料盒内，把焊好的 LED 电路板压入反射盖内，烘干后即形成点阵。

图 2-13 为 8×8 的 ϕ 5 mm 点阵，这种点阵也分为共阳和共阴两种。图 2-13 中的 A 部分为横向共阳（即 1～8 为共接阳极）；B 部分为纵向共阴单色点阵；C 部分为横向共阴双色点阵，可以显示三色；D 部分为横向共阳双色点阵。

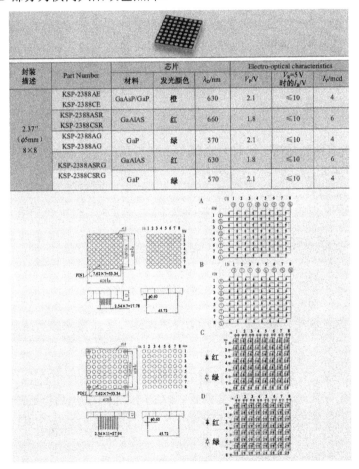

封装描述	Part Number	芯片			Electro-optical characteristics		
		材料	发光颜色	λ_D/nm	V_F/V	$V_R=5$ V 时的 I_R/V	I_V/mcd
2.37″ (ϕ5mm) 8×8	KSP-2388AE KSP-2388CE	GaAsP/GaP	橙	630	2.1	≤10	4
	KSP-2388ASR KSP-2388CSR	GaAlAS	红	660	1.8	≤10	6
	KSP-2388AG KSP-2388AG	GaP	绿	570	2.1	≤10	4
	KSP-2388ASRG	GaAlAS	红	630	1.8	≤10	6
	KSP-2388CSRG	GaP	绿	570	2.1	≤10	4

图 2-13　单色和双色点阵示意图

这种点阵可用做室内显示屏，它是普遍采用的显示器件，很受人们的欢迎。这种点阵的规格也有很多种，包括 8×8 的 φ5 mm、5×7 的 φ5 mm，还有其他很多规格，可以根据需要选用。三基色（红、绿、蓝）点阵制作比较困难，制作成本也十分昂贵，很难实现高质量全彩显示。全彩显示屏通常使用单管 φ5 mm 的红、绿、蓝单管或使用表面贴片二极管（Surface Mount Device，SMD）的 LED 来制作。

2.3 SMD 的封装

表面贴片二极管（SMD）是一种新型的表面贴装式半导体发光器件，具有体积小、散射角大、发光均匀性好、可靠性高等优点。其发光颜色可以是包括白光在内的各种颜色，可满足表面贴装结构的各种电子产品的需要，特别是手机、笔记本电脑等的需要。

2.3.1 SMD 封装的工艺

SMD 封装一般有两种结构：一种为金属支架片式 LED，另一种为 PCB 片式 LED，具体的工艺流程如图 2-14 所示。

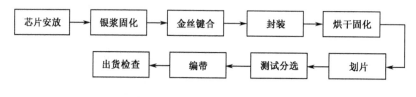

图 2-14 SMD 封装的工艺流程

目前，很多厂家都利用自动化机器进行固晶和焊线，所做出来的产品质量好、一致性好，非常适合大规模生产。

应当特别注意的是，在制作 SMD 白光 LED 时，由于器件的体积较小，点荧光粉就成了一个难题。有的厂家先把荧光粉与环氧树脂配好，做成一个模子，然后把配好荧光粉的环氧树脂做成一个胶饼，将胶饼贴在芯片上，周围再灌满环氧树脂，从而制成 SMD 封装的白光 LED。

2.3.2　测试 LED 与选择 PCB

对 SMD 封装的 LED 进行测试，因为其体积小，不便于手工操作，所以必须使用自动测试的仪器。以 PCB 片式 LED 为例，对于如图 2-15 所示的 0603 片式的 SMD LED，其尺寸为 1.6 mm×0.8 mm×0.8 mm。

由于结构的微型化，PCB 的选材和板图设计十分重要。综合各方面考虑，选取厚度为 0.3 mm、面积为 60 mm×130 mm 的 PCB 作为基板，在板上设计 41 组封装结构，每组由 44 只片式 LED 连为一体，每个单元的示意图参见图 2-16。

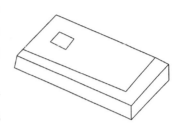

图 2-15　0603 片式的 SMD LED

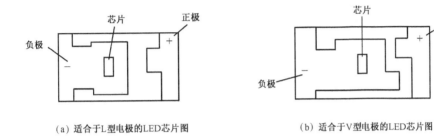

（a）适合于 L 型电极的 LED 芯片图　　　　　（b）适合于 V 型电极的 LED 芯片图

图 2-16　测试用 PCB 的单元示意图

对于 PCB 基板的质量要求包括：

● 要有足够的精度，厚度的不均匀度小于±0.03 mm，定位孔对电路板图案偏差小于±0.05 mm；
● 镀金属的厚度和质量必须确保金丝键合后的拉力大于 8 g（约 0.08 N）；
● 表面没有污染，PCB 上的化学物质要清洗干净，封装时胶的黏合要牢固。

目前 SMD 封装的 LED 大量用在显示屏上，其中把 SMD 上芯片连接的部分直接与显示屏的电路板用导热胶黏合，让 SMD 上 LED 产生的热量传导到显示屏的电路板上，这样热量由显示屏上的电路板散发到空气中，有利于显示屏的散热。

随着 SMD 器件的发展，今后的接插件会朝着 SMD 器件方向发展，实现小型化、高密度和鲜艳色彩，这样显示器的屏幕在有限的尺寸中可获得更高的分辨率。同时可实现结构轻巧简化及良好的白平衡，并且半值角可达 160°，从而使显示屏更薄，可获得更好的观看效果。

2.4　食人鱼 LED 的封装

可以把 LED 的芯片封装成图 2-17 所示的食人鱼形状，这种 LED 很受用户的欢迎。为什么把这种 LED 称为食人鱼呢？因为它的形状很像亚马孙河中的食人鱼。用食人鱼来命名 LED 发光器件的一种产品，也是从国外传来的。

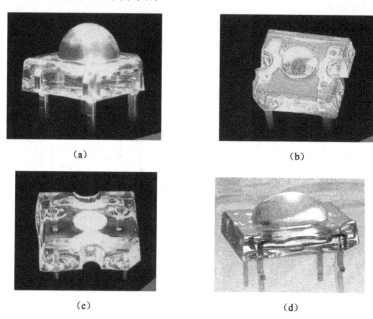

(a)

(b)

(c)

(d)

图 2-17　食人鱼 LED

食人鱼 LED 产品有很多优点，由于食人鱼 LED 所用的支架是铜制的，面积较大，因此传热和散热快。LED 点亮后，PN 结产生的热量就可以由支架的 4 个支脚很快导出到 PCB 的铜带上。这种 LED 食人鱼管子比 ϕ3 mm、ϕ5 mm 引脚式的管子传热快，从而可以延长器件的使用寿命。一般情况下，食人鱼 LED 的热阻会比 ϕ3 mm、ϕ5 mm 管子的热阻小一半，所以很受用户的欢迎。

2.4.1　食人鱼 LED 的封装工艺

食人鱼 LED 的封装有其特殊性，首先要选定食人鱼 LED 的支架，如图 2-18 所示，然后根据每一个食人鱼管子要放几个 LED 芯片，确定食人鱼支架中凹下去的碗的形状大小及深浅。

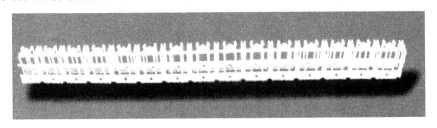

图 2-18　食人鱼的支架

在使用支架时要把它清洗干净，并将 LED 芯片固定在支架碗中。经过烘干后把 LED 芯片两极焊好，然后根据芯片的多少和出光角度的大小，选用相应的模粒。在模粒中灌满胶，把焊好 LED 芯片的食人鱼支架对准模粒倒插在模粒中。待胶干（用烘箱烘干）、脱模后放到切筋模上把它切下来，接着进行测试和分选[①]。

食人鱼 LED 的技术指标与其他方式封装的 LED 的技术指标是一样的。多个芯片封装在一个食人鱼支架上时，应考虑有关的热阻，尽量减小热阻，以延长使用寿命。

由于食人鱼 LED 有 4 个支脚，为了把食人鱼 LED 安装在印制电路板上，应在其上留有 4 个洞。因为 LED 的两个电极连在 4 个支脚上，所以两个支脚连通一个电极。在安装时要确认哪两个支脚是正极，哪两个支脚是负极，然后进行 PCB 的设计。

食人鱼封装模粒的形状也是多种多样的，有 ϕ3 mm 圆头和 ϕ5 mm 圆头，也有凹形状和平头形状。根据出光角度的要求，可选择各种封装模粒。

2.4.2　食人鱼 LED 的应用

食人鱼 LED 越来越受到人们重视，因为它比 ϕ5 mm 的 LED 散热好、视角大、光衰小、寿命长，食人鱼 LED 非常适合制成线条灯、背光源的灯箱和大字体槽中的光源。

因为线条灯一般用做城市高层建筑物的轮廓灯，并且背光源的灯箱广告屏和大字体的亮灯都是放在高处的，如果 LED 灯不亮或变暗，维修十分困难。由于食人鱼 LED 的散热好，相对 ϕ5 mm 的普通 LED，其光衰小、寿命长，因此使用的时间也较长，这样可节省可观的维修费用。

①食人鱼的自动分选机的价格是非常昂贵的。

食人鱼 LED 也可用做汽车的刹车灯、转向灯、倒车灯。因为食人鱼 LED 在散热方面有优势，所以可承受 70～80 mA 的电流，例如，在行使的汽车上，往往蓄电瓶的电压高低波动较大，特别是使用刹车灯的时候，电流会突然增大，但是这种情况对食人鱼 LED 没有太大的影响，因此被广泛用于汽车照明中。

2.5 大功率 LED 的封装

目前 LED 朝着大功率、高光效的方向发展，这是 LED 行业发展的趋势。将来很多厂家都可以生产 1 W 以上的 LED 芯片，并且可以用多种方法进行封装。

怎样封装才能使大功率（W 级功率）LED 达到高光效、长寿命呢？这是封装行业的人士所追求的目标。大功率 LED 的封装不能简单地套用传统小功率 LED 器件封装所用的材料，大功率 LED 有大的耗散功率、大的发热量，以及较高的出光效率和长寿命，所以在封装结构设计、选用材料及选用设备等方面都必须重新考虑。

为了提高大功率 LED 的出光效率，很多人都希望通过加大 LED 芯片尺寸来提高亮度，这也是部分芯片生产厂家采用的办法。加大单颗 LED 的有效发光面积和增大尺寸的确可以提高出光效率，但不是芯片的面积越大，发光就越强，出光效率就越高；而是芯片面积大到一定程度就不可能继续提高亮度，更不可能提高出光效率。对于封装生产厂家来说，要使在同样的芯片面积下出光最大，并且稳定可靠地工作，这就需要研究封装的方法。下面将讨论几种大功率 LED 的封装方法。

2.5.1 V 型电极大功率 LED 芯片的封装

我们讨论一下美国 GREE 公司的 1 W 大功率芯片（V 型电极），它的上下各有一个电极，碳化硅（SiC）衬底的底层首先镀一层金属，如金锡合金（一般做芯片的厂家已镀好），然后在热沉上也同样镀一层金锡合金。将 LED 芯片底座上的金属和热沉上的金属熔合在一起，称为共晶焊接，如图 2-19 所示。

对于这种封装方式，一定要注意当 LED 芯片与热沉一起加热时，二者接触要好，最好二者之间加有一定压力，而且接触面一定要受力均匀，两面平衡。控制好金和锡的比例，这样焊接效果才会好。这种方法做出来的 LED 的热阻较小、散热较好、光效较高。

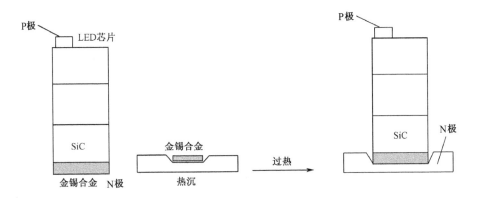

图 2-19　共晶焊接

这种封装方式是上、下两面输入电流，如果与热沉相连的一极是与热沉直接导电的，则热沉也成为一个电极，因此连接热沉与散热片时要注意绝缘，而且需要使用导热胶把热沉与散热片粘连好。使用这种 LED 要测试热沉是否与其接触的一极是零电阻，若为零电阻则是相通的，故与热沉相连加装散热片时要注意与散热片绝缘。

加热温度也称为共晶点。温度的多少要根据金和锡的比例来定：

- AuSn（金 80%，锡 20%）：共晶点为 282℃，加热时间控制在几秒之内。
- AuSn（金 10%，锡 90%）：共晶点为 217℃，加热时间控制在几秒之内。
- AgSn（银 3.5%，锡 96.5%）：共晶点为 232℃，加热时间控制在几秒之内。

2.5.2　L 型电极大功率 LED 芯片的封装

对于 L 型电极 LED 芯片，如图 2-20 所示，其中两个电极的 P 极和 N 极都在同一面。这种 LED 芯片的衬底通常是绝缘体（如 Al_2O_3、蓝宝石），而且在绝缘体的底层外壳上一般镀有一层光反射层，可以使射到衬底的光反射回来，从而让光线从正面射出，以提高光效。

这种封装应在绝缘体下表面用一种导热（绝缘）胶把 LED 芯片与热沉黏合，上面把两个电极用金丝焊出。特别要注意大功率 LED 通过的电流大，1 W LED 的电流一般为 350 mA，所以要用粗金丝。不过有时粗金丝不适用于焊线机，也可以并联焊两根金丝，这样使每根金丝通过的电流减少。这种芯片的烘干温度是 100～150℃，时间一般是 60～90 min。

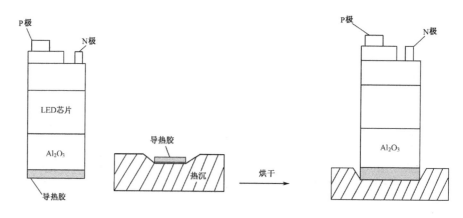

图 2-20　L 型电极 LED 芯片的封装

　　在封装大功率 LED 时，由于点亮时发热量比较大，可以在 LED 芯片上盖一层硅凝胶，而不可用环氧树脂。这样做一方面可防止金丝热胀冷缩与环氧树脂不一致而被拉断；另一方面可防止因温度高而使环氧树脂变黄变污，结果使透光性能不好，所以在制作白光 LED 时应用硅凝胶调和荧光粉。如果 LED 芯片底层已镀上金锡合金，也可用共晶点为 217℃～282℃来做（要根据金与锡的比例来定）。

2.5.3　L 型电极 LED 芯片的倒装封装

1. 传统正装的 LED

　　蓝宝石衬底的蓝光芯片电极在芯片出光面上的位置如图 2-21 所示。由于 P 型 GaN 掺杂困难，当前普遍采用在 P 型 GaN 上制备金属透明电极的方法，从而使电流扩散，以达到均匀发光的目的。但是金属透明电极要吸收 30%～40% 的光，因此电流扩散层的厚度应减少到几百纳米。厚度减薄反过来又限制了电流扩散层在 P 型 GaN 层表面实现均匀和可靠的电流扩散。因此，这种 P 型接触结构制约了 LED 芯片的工作电流。同时，这种结构的 PN 结热量通过蓝宝石衬底导出，由于蓝宝石的导热系数为 35 W/(m·K)，比金属层要差，因此导热路径比较长。这种 LED 芯片的热阻较大，而且这种结构的电极和引线也会挡住部分光线出光。

2. 倒装封装

　　传统正装的 LED 芯片对整个器件的出光效率和热性能而言不是最优的。为了克服正装的不足，美国 Lumileds Lighting 公司发明了 Flipchip（倒装芯片）技术，如图 2-22 所示。

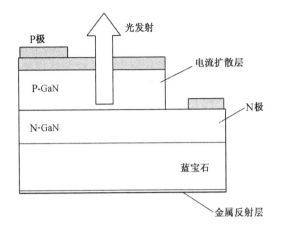

图 2-21　传统蓝宝石衬底的 GaN 芯片结构示意图

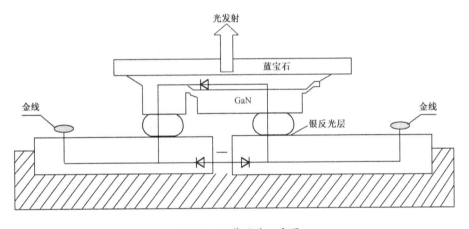

图 2-22　倒装芯片示意图

这种封装法首先制备具有适合共晶焊接的大尺寸 LED 芯片,同时制备相应尺寸的硅底板,并在其上制作共晶焊接电极的金导电层和引出导电层(超声波金丝球焊点),然后利用共晶焊接设备将大尺寸 LED 芯片与硅底板焊在一起。

目前,市场上大多数产品是生产芯片的厂家已经倒装焊接好的,并装上防静电保护二极管。封装厂家将硅底板与热沉用导热胶黏在一起,两个电极分别用一根 ϕ 3 mil 金丝或两根 ϕ 1 mil 金丝。

综上所述,在做好倒装芯片的基础上,在封装时应考虑以下三个问题:

- 由于 LED 是 W 级芯片，那么应该采用直径多大的金丝才合适？
- 怎样把倒装好的芯片固定在热沉上，是用导热胶还是用共晶焊接？
- 考虑在热沉上制作一个聚光杯，把芯片发出的光能聚集成光束。

根据热沉底板的不同，目前市场上常见有两种热沉底板的倒装法：一是上述介绍的利用共晶焊接设备，将大尺寸 W 级 LED 芯片与硅底板焊接在一起，这称为硅底板倒装法；还有一种是陶瓷底板倒装法，首先制备具有适合共晶焊接电极结构和大出光面积的 LED 芯片，并在陶瓷底板制作共晶焊接导电层和引出导电层，然后利用共晶焊接设备将大尺寸 LED 芯片与陶瓷底板焊接在一起。

2.5.4 集成 LED 的封装

目前，通常使用单层或双层铝基板作为热沉，把单个芯片或多个芯片用固晶胶直接固定在铝基板（或铜基板）上，LED 芯片的 P 和 N 两个电极则键合在铝基板表层的薄铜板上。根据所需功率的大小确定底座上排列 LED 芯片的数目，可组合封装成 1 W、2 W、3 W 等高亮度的大功率 LED，最后使用高折射率的材料按光学设计的形状对集成的 LED 进行封装。

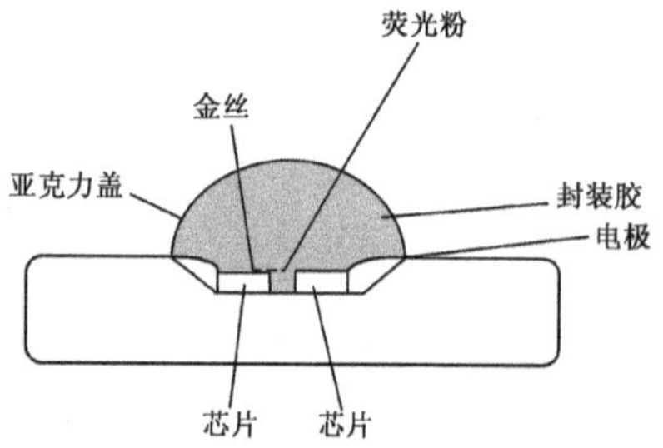

这种芯片采用常规芯片，高密度集成组合，其取光效率高、热阻低，可以根据用户的要求来组合电压和电流，也可以根据用户的要求制作成不同的体积和形状。这种集成 LED 的价格比单芯片 1 W 功率的 LED 要低，但是光效高，适合在灯具上作为背光源，并且路灯、景观灯都可以采用。这是一种很有发展前景的 LED 大功率固体光源，其结构如图 2-23 所示。

图 2-23　集成大功率 LED 示意图

对于多芯片集成的大功率 LED，在制作工艺上必须注意：

- 要对 LED 芯片进行严格的挑选，正向电压相差应在±0.1 V 之内，反向电压要大于 10 V；制作时要特别注意防静电，如果个别的芯片被静电损坏，但是又无法检出，对整个大功率 LED 的性能影响很大。在固晶和焊线后，要按满电流 20 mA 点亮一小时，合格后才能进行点荧光粉和灌胶。封装好后，还要进行几小时的老化，然后进行测试和分选。
- 在排列芯片时，要让每个 LED 芯片之间有一定的间隙。
- 在固晶时，LED 芯片要保持一样高度，不要出现有的芯片固晶胶较多，有的垫得很高，而有的又很低;只要芯片的底部有一定的固晶胶,可以固定住芯片即可(推力不小于 100 g),在其他地方不要留有固晶胶,否则多余的固晶胶会吸收光线而不利于出光。

- 因为芯片的排列可能有串联、并联之分,所以在焊线时,尽量保持每根金丝相隔一定的距离,并保持平行,不能交叉。金丝要有一定的弧度,并且不能从芯片上跨过。
- 保持固晶下面的热沉面光洁,让光线能从底座反射回来,从而增加出光,因此在铝基板上挖开的槽要光滑,有利于出光。
- 铝基板挖槽的大小和深度,要根据芯片的多少和出光角度的大小来确定。

根据 LED 技术的发展,大功率的光源必须由多个芯片集成组合,所以多个芯片集成为大功率 LED 光源的技术和工艺必将不断发展,这里只提出一些问题供读者参考。

2.5.5　大功率 LED 封装的注意事项

对于大功率 LED 的封装,要根据 LED 芯片来选用封装的方式和相应的材料。如果 LED 芯片已倒装好,就必须采用倒装的办法来封装;如果是多个芯片集成的封装,则要考虑各个芯片正向、反向电压是否比较接近,以及 LED 芯片的排列、热沉散热的效果、出光的效率等。工作人员应该在原有设计的基础上进行实际操作,制作出样品进行测试,然后根据测试的结果进行分析,这样经过反复试验得出最佳效果,最后才能确定封装方案。

1. 热沉材料的选择

无论从经济的角度还是从制造工艺的角度考虑,铜和铝都是最好的热沉材料,但是铜和铝含有不少的合金,各种合金的导热系数(参见表 2-2)相差较大,所以在选择铜或铝作为热沉时,要看具体的合金成分,这样才有利于确定最终的热沉材料。

同样也可选择其他的材料作为热沉,效果也是不错的。例如,选择银或在铜上镀一层银,这样的导热效果更好。导热的陶瓷、碳化硅也都可以用做热沉,而且效果也很好。

表 2-2　铜、铝及其合金的导热系数

序　号	材　质	导热系数/(W/(m·K))
1	黄铜(70Cu-30Zn)	109
2	纯铜	398
3	铜合金(60Cu-40Ni)	22.2
4	铝合金(87Al-13Si)	162

续表

序　号	材　质	导热系数/（W/(m·K)）
5	铝青铜（90Cu-10At）	56
6	纯铝	236
7	氧化铝	40
8	铜钨合金	150

由于大功率 LED 在通电后会产生较大的热量，如果用于封装的胶和金丝的膨胀系数不一样，膨胀时就会使金丝拉断或造成焊点接触电阻较大，从而影响发光器件的质量。应特别注意的是，封装胶会因温度过高而出现胶体变黄，因此降低透光度并影响光的输出。

一般情况下，在使用大功率 LED 时，应考虑把热沉上的热量传导到其他的散热器上。对于散热器材料的选择和安装，也要进行认真考虑和必要的计算（散热面积）。目前，散热器一般选用铝或铜材料。这里要注意两个问题：一是热沉与散热器之间的黏结材料一般应采用导热胶，如果是两个物体的表面接触，中间一定会有空气，而且空气的导热系数很差，所以在界面之间应有一层导热胶来让它们紧密接触，这样导热效果才会好；二是散热效果与散热器的形状和朝向有关。

 补充资料

大功率 LED 应用中的四个技术指标

在使用大功率白光 LED 时，必须了解光强分布、色温分布、热阻及显色性等问题：

- 掌握 W 级大功率 LED 的光强分布图，是正确使用大功率 LED 所必需的，厂家一定要向客户提供 LED 器件的各种参数指标。
- 大功率 LED 的色温分布是否均匀，将直接影响照明效果；而且色温与显色指数是互相关联的，色温的改变会引起显色指数的变化。
- 大功率 LED 的热阻直接影响 LED 器件的散热。热阻越低，散热越好；热阻高则散热差，这样器件温升高，就会影响光的波长漂移。根据经验，温度升高 1℃，光波长要漂移 0.2～0.3 nm，这样会直接影响器件的发光质量。温升过高也直接影响 W 级大功率 LED 的使用寿命。
- 显色性是白光 LED 的重要指标，用于照明的白光 LED 的显色性必须在 80 以上。

以上给出的几个技术指标，对正确使用大功率 LED 而言都是十分重要的。但是，目前有些指标如何定义及如何测试还在讨论中，相信不久业界将会有统一的标准。

2.5.6　大功率 LED 手工封装工艺

目前大功率 LED 芯片要做成大功率器件有两种生产工艺：一是手工封装，即人工通过一道道工序完成；另一种是利用设备进行自动化封装。手工封装一般适合试制样品、小批量生产，手工封装的工艺流程如图 2-24 所示。

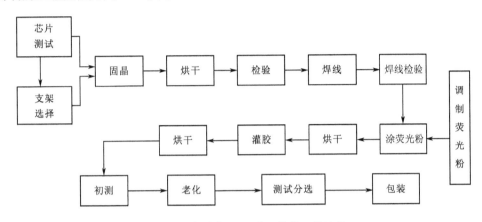

图 2-24　大功率 LED 手工封装工艺流程

各工序应注意的问题如下，供读者参考。

芯片测试：根据成品指标的要求，对 LED 芯片在同驱动电流下芯片应达到多少裸晶亮度进行测试，根据芯片测试的光通量进行分类、挑选，这样才能保证封装好的成品，其光强、光通量在一定范围之内不会差别太大。另外，对芯片的尺寸也进行检验，以便选择支架。

支架选择：单颗 1 W 的支架又分为倒装和正装的支架，支架选择标准是支架与 LED 芯片接触的部分导热性是不是符合要求，支架二个电极的焊片是否可靠牢固。LED 芯片放在支架的凹槽内，支架的凹槽大小是否符合要求，支架凹槽的深度与 LED 芯片厚度配合是否符合要求，这都是支架选择的标准和检验要点。

还有一种情况是用 φ 20 mm 的散热片，直接把 LED 芯片放在散热片的凹槽中，这样更有利于散热，但也要注意散热片金属的导热系数和散热片的凹槽的深度是否符合要求，现有散热片有铝基板、铜基板和陶瓷三种可供用户选择。

支架一定要保持干净清洁，放在温度和湿度适合的地方。

固晶：一是固晶胶的选用是不是符合要求，固晶胶的保质期是否合格，固晶胶导热系数、导电不导电、烘干时温度、时间这些都要了解清楚；二是点胶出胶一定要均匀，点的位置符合要求，左右距离要控制好，因为是手工操作的，各人操作姿势不一样，胶点位置会有差别的，要对操作者进行培训，让点胶者基本操作都一致；三是放 LED 芯片时一定要放正，不能倾斜，上下位置也要掌握好，不能太高也不能太低，LED 芯片旁边的固晶胶不能高过芯片高度的 1/3，不能划伤芯片。

烘干：一是烘干箱中一定要保持干净，一般 2～3 天要把烘干箱清洗一次；二是烘干箱的温度要控制好，核对好温度。千万注意烘干箱温度不能失控。固晶完要尽快烘干，不能长时间放着（一般在 4 小时之内就要烘干）。

检验：烘干后检验主要看三个问题，一是固晶是否牢靠，用推力计要能承受大于 100 g 的推力；二是固晶后 LED 芯片的位置是否放得符合要求，左右、高低是否符合要求；三是看是否有"爬胶"现象，就是固晶胶在 LED 芯片周围是否超过 LED 芯片高度的 1/3，用万用表检测是否会有漏电（即 LED 芯片的两个电极是否出现局部短路现象）。

焊线：LED 芯片与外界电源一般是用金丝来连接的，所以焊线用金丝焊接（也有用硅铝丝连接的）。一是用金丝的粗细是否符合通过电流的要求；二是焊线的压力不能太大，不要使 LED 芯片的电极周围出现裂纹，这个裂纹用一般的显微镜看不见，必须用高倍显微镜才能看出。如开始发现不了裂纹，电流通过时发热，裂纹会逐步扩大，漏电会逐步增大，最终会使出光效率减低，导致损坏 LED 芯片。

焊线检验：一是焊线后形成的半圆球形状是否符合要求；二是焊线后金丝线的拉力是否符合要求，无论是金线还是硅铝线，拉力都要求在 5 g 以上。

涂荧光粉：要做白光就有涂荧光粉的工序，这道工序是做白光 LED 的关键。大功率 LED 白光荧光粉的调制、涂粉、烘干都是关键工序，要按工艺要求认真做好。一是荧光粉必须用硅树脂胶进行调制，要均匀，浓度要适中；二是点胶时要均匀，头几滴和最后几滴胶可不用，因为浓度、均匀度不一致。手工操作可以采用一边涂荧光粉，一边用大功率半自动分光分色测试机监测色温，用增减荧光粉来调节色温，使色温控制在要求的范围内（当荧光粉烘干后色温会升高 200～500 K，掌握这个规律色温就好控制了）。

用大功率 LED 芯片做白光，一般先将荧光粉制成"荧光粉饼"，然后把荧光粉盖在大功率 LED 芯片的周围，这样可以保证色温均匀，一致性好。

如果荧光粉是用点胶机点的，点完后要尽快进烘干箱烘干，不能在空气中放太长时间，特别是低色温的荧光粉会吸收空气中的水和二氧化碳，使荧光粉变质，影响产品质量。进烘干箱烘干后，出炉要检验荧光粉是否有裂纹，检查荧光粉是否出现异常颜色。

灌胶：在大功率 LED 点完荧光粉后，封装灌满胶使之成为成品，外壳是用 PC 盖还是亚克力要选择好，最外层要用 PC 盖或是亚克力盖保护。

初测：大功率 LED 封装好后要进行初步的测试，主要检查通路还是断路、漏电大小、光强大小等指标。

老化：大功率 LED 封装好后一定要进行老化，老化时要调足满额电流并点亮一定的时间（4 h/8 h/24 h 由工艺决定）。

测试分选：老化后进行测试分选，根据什么指标进行分选，由工艺决定，一般分选的技术指标是相对色温、光强显色指数、半值角、热阻，测试技术指标很多，根据哪些技术指标进行分档分类，要看具体企业和应用范围来决定，不可统一规定，但几个主要和常用的指标是必须要有的。

2.5.7　大功率 LED 自动化封装及设备

需求量多了，产量大了，就必须用自动化设备进行封装，大功率 LED 自动化封装的工艺流程如图 2-25 所示。

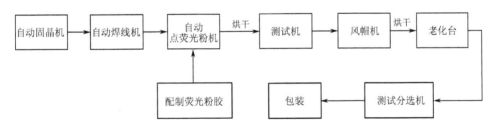

图 2-25　大功率 LED 自动化封装工艺流程

自动固晶机：自动检验 LED 芯片的形状，如芯片有否缺口，电极有否损坏或污染。通过检验，把不良 LED 芯片剔除，不进入固晶；固晶胶点多少可以自动控制，快慢可以调节；带自动烘干隧道炉，温度、速度可以调节，到下一道工序前已烘干固晶胶。

自动焊线机：能自动焊线，速度快慢可以调节；能自动检验 LED 芯片的电极，不符合要求就检出不焊线。在封装大功率 LED 时用共晶焊接机，LED 芯片衬底上有一层金锡合金，热沉上（或支架上）也有一层金锡合金，经过共晶焊接时，根据金锡合金的比例，调节焊接时的温度和时间，使 LED 芯片和热沉（支架）很好地成为一体。

自动点荧光粉机：有单头和多头之分，单头就是经过时只点一个 LED，多头就是经过时同时点多个 LED，这种自动点荧光粉机能自动控制温度，使荧光粉胶调制好后保持一定温度，同时能自动滚动，防止荧光粉胶沉淀，自动控制出胶均匀，点完荧光粉送入隧道炉，一定时间就能自动烘干。

测试机：只测两个电极是否接触良好，有无漏电，如果出现 LED 芯片两个电极接触不好，有局部短路、漏电，则不进入下一道工序。

封帽机：当焊好的 LED 芯片（白光要点好荧光粉）经过这台封帽机时，把封帽盖 PC（或亚克力）充满胶，盖压在 LED 芯片上，经过烘干隧道，封装好送入下一道老化工序。

老化台：把上述封帽好的 LED 送到老化台上老化。老化台一般是调好满电池，进行老化，老化时间可根据技术指标而定。

测试分选机：老化好的管子将进入测试分选机，目前自动化大功率 LED 的测试分选机还不多，大部分是根据需要自行设计的分选台。

以上所述是大功率 LED 自动封装的工艺设备及流程，目前成套的自动化设备还不多，主要根据需要买几台关键自动化设备，如自动固晶机、自动焊线机、自动点荧光粉机、自动测试机、封帽机、老化台，自行设计成一条自动化生产流水线。可以预见，未来会越来越多地使用大功率 LED，大功率 LED 的需要量会越来越大，将更加需要自动化生产线。

2.5.8 封装成品后大功率 LED 的基本结构

图 2-26 是封装成品后大功率 LED 光、电、热的通路图。①电通路：电从电极焊片加入，电极焊片有正、负极两个焊片，电极下层有介电层，介电层应是绝缘层，热要从介电层传导到热沉；②光通路：光从 LED 芯片发出，经底层导热金属块反射，再经过环氧树脂（有的用硅树脂）从 PC 或亚克力盖射出；③热通路：热量由 LED 芯片产生，因为正面是胶，不易传热，热量必须由固晶胶传导到导热金属块，热量经过介电层到热沉，再由热沉传导到散热片上，把热量散到环境中去。

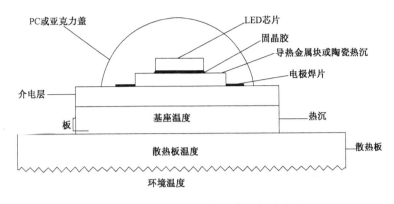

图 2-26　大功率 LED 光、热、电的通路

2.5.9　多颗 LED 芯片集成大功率 LED 光源模块

随着大尺寸 GaN 基蓝光 LED 芯片生产技术的不断提高，W 级大功率 LED 芯片的发光效率获得大幅度提高。单颗 W 级白光 LED 的发光效率从 2002 年的 15 lm/W 上升到 2008 年年初的 80 lm/W 左右，其散热性能也得到一定的改善。目前单颗 LED 芯片最大承受功率 5 W，实际出光只能达到 200～220 lm，按出光效率来看每瓦只能出光 40～45 lm，LED 芯片厂家为了提高单颗芯片的光通量，采用增大 LED 芯片尺寸的方法。有一些公司可提供 1.5 mm×1.5 mm 大功率蓝光 LED 芯片，用于制造白光 LED；还有人想采用增大驱动电流的方法，把 LED 芯片的驱动电流从 350 mA 增加到 700 mA 甚至更高。这两种方法在增加单颗 LED 芯片光通量的同时，也使得 LED 芯片的发热量显著增加，对光源的散热要求更高，而 LED 芯片工作温度的升高，直接影响到 LED 芯片的发光效率、使用寿命等性能指标，因此仅靠增加芯片尺寸或增大驱动电流来提高 LED 光源的光通量是难以实现的，所以必须研究采用多颗 LED 芯片的集成封装的方法来提高 LED 光源的光通量。

采用多颗 LED 芯片集成大功率 LED 光源模块，应考虑以下三个问题。

（1）选择模块的热沉，也就是模块的基板。目前最常用的热沉有三种材料：①铝基板，这是目前最常用的，因为铝基板比重轻，导热性能好，价格适中；②铜基板，铜基板比重比铝重，导热性能是好，但比铝基板贵得多，所以目前比较少用；③陶瓷板，陶瓷板导热性能好，价格比较适中，但陶瓷板易碎，目前面积小的模块有的用陶瓷板做热沉。

（2）选择 LED 芯片，目前单颗大功率 LED 芯片有三种，即 1 W、3 W、5 W。从光效来看，1 W 的单颗 LED 蓝光芯片做成白光，其出光效率可达 75～80 lm/W，而 3 W 单颗 LED 蓝光芯片做成白光，其出光在 100～120 lm，出光效率为 30～40 lm/W，所以按目前的实际情况，还是选用 1 W 的 LED 蓝光芯片、多颗集成 LED 大功率光源模块较为合适。

（3）考虑在热沉上（铝基板）设计线路、散热及出光效率问题。在模块整体的输入电流和电压的需求下，把多片 LED 芯片用串/并联的办法连接，设计符合模块输入电流和电压的要求。散热也是在模块上（铝基板）必须考虑的问题，每颗 LED 发出热量要能顺畅地把热量导到模块上，而模块上的热量也能顺畅地导出或散出到模块散热板上，保持整个模块基板地温度不得超过 70℃。每颗 LED 芯片做成白光，出光角度，投射出来的白光，要形成一定形状大小的均匀光斑。

下面以设计一块 40 W 的大功率 LED 光源模块为例，说明整个设计过程。

选一块厚度为 2 mm，长为 150 mm，宽为 80 mm 的铝基板，在铝基板上长的方向挖出如图 2-27 所示的 8 个孔。

宽的方向挖山与排并列的孔，每个孔相隔 10 mm。

孔的尺寸如图 2-28 所示，LED 芯片就放在孔的中心，孔的大小和深度要根据芯片的厚度、出光的角度来确定，保证 LED 芯片从侧面发出的 70% 的光通量发射出去。一排 8 个 LED 串联，5 排并联，所以这块模块输入电压为直流 26～28 V，输入电流为 1750 mA（可根据输入电压和电流的数值决定模块 LED 芯片的电路串联情况）。

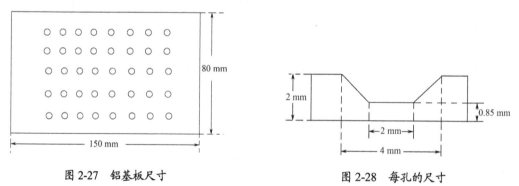

图 2-27　铝基板尺寸　　　　　　　　图 2-28　每孔的尺寸

LED 选择 1 W 的芯片，面积为 1 mm×1 mm，为了使导热好，可把芯片衬底蓝宝石用减薄机磨掉，并可在上面共晶一层铜，如图 2-29 所示。

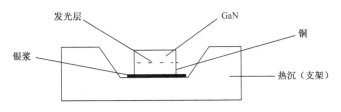

图 2-29　去掉蓝宝石共晶焊

　　传统的照明光源因其辐射光谱中含有一定数量的红外线，电流流过灯丝所产生的热可以通过红外辐射的方法散发出去。LED 芯片的发光机理与普通光源不同，它是靠电子在能带之间的跃迁而发光的，所发射的光谱中不含红外线，不能辐射芯片内部有源层中电子与空穴复合而产生的热，所以 LED 发出的光称为冷光。目前 W 级大功率 LED 的发光效率一般只占总耗电的 20%，LED 芯片所消耗的电能的 80% 左右都转化为热量。为了让大功率 LED 能够正常使用并保持较长的使用寿命，LED 芯片的结温一般不可超过 110℃，因此，大功率 LED 封装中的散热问题的解决尤为重要。

　　如图 2-29 所示结构中的 LED 芯片放在导热很差的环氧树脂胶中，四周被胶紧紧地包围，无法通过对流和辐射的方式来散热，只能靠传导的方式来解决散热问题。散热主要从芯片的有源发光层向下，通过一定厚度的 GaN、铜和固晶用的银浆再传到管座（热沉）上的路径来进行，这样芯片封装的总热阻可表示为

$$R_{th}=R_1+R_2+R_3+R_4=\frac{L_1}{K_1A}+\frac{L_2}{K_2A}+\frac{L_3}{K_3A}+\frac{L_4}{K_4A} \tag{2-1}$$

式中，L_1、L_2、L_3 和 L_4 分别表示 GaN、铜、银浆和管座（热沉）的厚度；K_1、K_2、K_3 和 K_4 分别是它们的导热系数，A 为 LED 芯片的表面积。由式（2-1）可见，对于一定面积的封装材料，其热阻随着材料厚度的增加而增大，随导热系数的增大而减小，银浆比 GaN、铜、管座导热系数小一个数量级。在散热面积相同时，只要所涂敷的银浆厚度 L_3 与其导热系数 K_3 的比值跟其他材料并不大时，银浆所产生的热阻就很小，因此在涂敷固晶银浆时应尽量涂薄一些，这样可以有效地减小 LED 器件的热阻。

　　做白光要选择合适的荧光粉，而且荧光粉不能用环氧树脂搅和，必须用有机硅材料进行搅和，使荧光粉不易沉淀。因为有机硅材料有优异的抗热性和抗紫外线的性能，不会黄变。

　　在进烘箱烘烤时，因为铝基板面积大，会产生变形。不行可选厚的铝基板，烘干时一定要把铝基板放平才能保证荧光粉干后会保持平面，不会使出光色温相差较大。

这块面积只有 150 mm×80 mm 铝基板散热绝对不够，做成灯具时一定要加大散热片，与这块铝基板黏结好，把铝基板上的热量传导到灯具外壳上，加大面积散热。

整个模块做好以后，首先进行测试，输入设计时的电流和电压，检测整块发出的光通量，离 50 cm 远看它的光斑，光强是否均匀、色温是否均匀，然后老化几小时，看效果如何，把指标一致的归到同类使用。

2.5.10 大功率 LED 由 RGB 三色芯片混合成白光

由大功率的 RGB 三色芯片混合成白光，目前在市场中也见到不少，特别是在景观工程中用得最多，如景观工程中的投光灯、洗墙灯，都是用 RGB 三种颜色来变色组成色彩变化。这类灯具有两种做法，一种是单独用红色管子、绿色管子、蓝色管子发出三种光，投射到一定距离的地方，使三种颜色混合白光和全彩光；另一种是在一个 LED 管子里就有红、绿、蓝三种颜色的 LED 芯片，控制这三种芯片的亮度来变化颜色和全彩光。第一种办法是用景观灯具方面的做法，第二种办法是做成单颗大功率 LED 的光源，在本章中讨论。

在一个大功率 LED 中有红光芯片、蓝光芯片和绿光芯片。目前有红色、蓝色、绿色各是 0.5 W 芯片组成的大功率 LED，也有红色、蓝色、绿色各是 1 W 的芯片组成的大功率 LED，按理论讲这三种颜色发光强度应该是红色 3、绿色 6、蓝色 1，即红、绿、蓝光的比例应当是 3：6：1，这个光强度由三种芯片的电流来决定，但实际要根据电路设计的驱动情况和三种芯片放置位置及出光混合的情况而定；还要注意到当电流驱动芯片时，芯片由于受温度影响波长发生漂移，引起出光强度改变，这都要根据实际的芯片来定。混合成白光也不是绝对按红、绿、蓝 3：6：1 的亮度，而是根据实际情况，红色掌握在 2~3 之间，绿光掌握在 5~6 之间，蓝光掌握在 1~2 之间，由混合成白光的具体技术指标而定。

单个大功率 LED 混合成白光的热沉一般用铝基板或陶瓷片来做，三种芯片放在热沉上，一般呈三角形放置而不是一字排开，如图 2-30 所示。

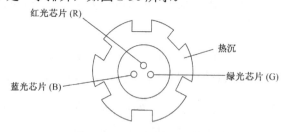

图 2-30 RGB 三色芯片放置

LED 芯片的出光角度应尽量让三种颜色互相交错在一起混合成白光，所以在出光面上加一个聚光透镜，让三种光互相混合形成白光，如图 2-31 所示。

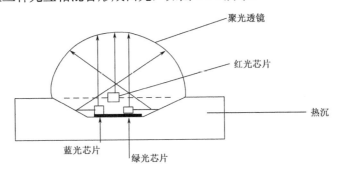

图 2-31　三色芯片与聚光透镜

单个大功率 LED 由红、绿、蓝三种颜色光混合而成白光。在电路设计上也有几种方法，一种是共阴电路，如图 2-32 所示；第二种是共阳电路，如图 2-33 所示；第三种电路是把三种芯片所需的电源分开，以便控制不同电流达到全彩的效果，如图 2-34 所示，这种电路需要 6 个电源接头，这要由设计灯具时的具体要求决定。

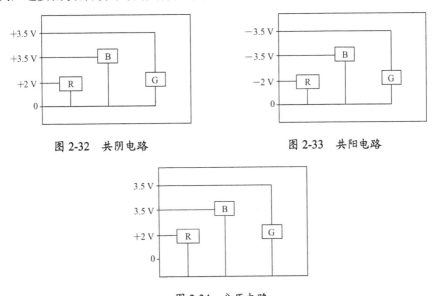

图 2-32　共阴电路　　　　　　　　图 2-33　共阳电路

图 2-34　分压电路

大功率 LED 三色混成白光，一般厂家会提供混合成白光时各种颜色的电流大小及电路具体情况，可按厂家的出厂规格来使用。现还有用集成电路控制器，可以控制各种颜色的芯片电流大小，混合出来的白光呈现不同灰度，达到全彩的效果。

选定热沉（支架），选定 LED 芯片，线路设计好，把三种颜色的芯片和支架封装起来，就可构成大功率 LED 三基色白光的管子。设计一个合适的控制电路（或选用现成的集成电路），就可做成全彩的灯具。

2.5.11　大功率 LED 封装制作的注意问题

中国对大功率 LED 产品需求很大，2008 年奥运会开幕式用的 LED 是一个先例，2010 年上海世博会也是一个重要契机，是节能减排可选的道路。

中国在 LED 封装方面与国外相比没有明显的差别，但可靠性研究不够。大功率的共晶封装技术，相应配套的胶、支架、装备依靠进口，在半导体照明产业链中，我国景观工程、显示屏、LED 灯具制造、太阳能 LED 照明方面已有较好的基础。

大功率 LED 封装制作要注意以下问题：

（1）大功率 LED 芯片的存储、封装时操作不当，会受到静电的破坏。在发光器件的两个电极、有源层电极界面和有源层会形成结构缺陷，增大截流子被俘获或者生发无辐射复合的概率，因而使器件的漏电流增大。在大功率 LED 芯片的输入端安装一个齐纳二极管，即可保护其不受静电损伤；或 LED 并联一个较大的电阻，也可以消除静电影响。

（2）在大功率 LED 工作时，由于电极材料不均匀，将导致电极微区温度分布不均。一方面当加在 LED 上的电流过大时，会导致 LED 芯片电极局部区域的灼伤或断裂；另一方面由于局部区域温度过高，引起倒装焊结材料中的焊料软化或流动，变成焊接不良，致使电极局部区域翘起，这两方面的因素导致 LED 器件中部分电路开路，使得器件电阻增大，达到正常工作电流所需的电压明显升高，个别器件同时出现部分区域不发光的现象，导致 LED 光输出的严重衰减。

在 LED 芯片未经封装的情况下，更容易观察到发光二极管正向电压升高，个别芯片甚至难以实现电流的注入，这是由于 LED 芯片电极材料暴露在空气中，环境温度或者芯片通电时自身产生的热量，以及空气中的氧和水蒸气加速了电极材料的氧化以及电极腐蚀，因此 LED 电极性能和封装质量的优劣，在较大程度上影响着大功率 LED 器件的工作寿命。

（3）在大功率白光 LED 老化过程中，存在荧光粉引起大功率 LED 器件发光特性劣化的现象。

当大功率 LED 的热阻较大时,LED 芯片产生的热量不能及时散发出去,使 LED 结温升高,过高的结温将导致覆盖在 LED 芯片上的荧光粉发生降解,使荧光粉量子效率降低。由荧光粉转换得到的黄光成分减少,并最终导致大功率降低,使荧光粉量子效率降低,由荧光粉转换得到的黄光成分减少,并最终导致大功率白光 LED 输出的减少和颜色漂移,所以封装选择材料热阻低,并选用转换效率高,稳定性更高的荧光粉,对提高白光 LED 的发光性能及工作寿命十分重要。

（4）在封装大功率 LED 时,封装体内各成分之间存在热胀系数失配,通电后温度变化产生机械应力并施加在电极引线和 LED 芯片上,可能引起电极引线断裂。

2.6　本章小结

本章讲解了 LED 封装方面的有关工艺和技术问题,并重点讨论了大功率 LED 的封装技术。大功率 LED 的封装技术发展很快,工艺也更为成熟。对于各种不同的封装方法,各个厂家都积累了不少经验,并且在自动化制造设备和检测设备方面,也不断出现新的封装材料和新的工艺技术。因此,生产出大功率、高可靠性、高出光效率的 LED 器件指日可待。

第 3 章

白光 LED 的制作

LED 能受到人们的青睐，是因为它不但能发出各种颜色的单色光，而且还能制成白光产品。白光是照明系统最主要的光源，所以对 LED 白光的开发和研究越来越受到业界的重视。本章将重点介绍几种制作白光 LED 的方法，并且深入探讨白光 LED 的可靠性和使用寿命等相关主题。最后，我们将讲解荧光粉的有关知识及三基色白光 LED 的制作技术。

3.1 制作白光 LED

3.1.1 制作白光 LED 的几种方法

目前，常见的用 LED 芯片产生白光的方法有三种：

（1）在 LED 蓝光芯片上涂覆 YAG 荧光粉。在 LED 蓝光芯片上涂覆 YAG（Yttrium Aluminum Garnet，钇铝石榴石）荧光粉，芯片发出的蓝光激发荧光粉后可产生典型的 500～560 nm 的黄绿光，黄绿光再与蓝色光合成白光。利用这种方法制备白光相当简单，便于实现且效率高，资金投入不太大，因此具有一定的实用性。其缺点是荧光粉与胶混合后，均匀性较难控制，由于荧光粉易沉淀，导致布胶不均匀、布胶量不好控制，因而造成出光均匀性差、色调一致性不好、色温易偏离，且显色性不够理想。

（2）RGB 三基色混合。这种方法是将绿、红、蓝三种 LED 芯片组合，同时通电，然后将发出的绿光、红光、蓝光按一定比例混合成白光。绿、红、蓝的比例通常是 6：3：1，或用蓝光芯片加黄绿色的双芯片补色来产生白光。只要通过各色芯片的电流稳定、散热较好，这种方法产生的白光比上述方法产生的白光稳定且制作简单。但是，由于红、绿、蓝三种芯片的光衰，驱动方法（控制通过 LED 电流大小的方法）要考虑到不同芯片的光衰，采用不同的电流进行补偿，使之发出的光比例控制在 6：3：1。这样可以保持混合的白光稳定，从而达到理想的效果。

（3）在 LED 紫外光芯片上涂覆 RGB 荧光粉。这种方法利用紫外光激发荧光粉产生三基色光来混合形成白光。但是，目前的紫外光芯片和 RGB 荧光粉是混合激发的，其出光效率较低，而且用于封装的环氧树脂在紫外光照射下易分解老化，从而使透光率下降，在此不对这种方法进行详细介绍。

下面，我们将具体讲解涂覆 YAG 荧光粉的工艺流程，并介绍相关的制作方法。

3.1.2 涂覆 YAG 荧光粉的工艺流程和制作方法

当前大多数封装厂商都是采用 3.1.1 节中第一种方法来制作白光 LED，在 LED 蓝光芯片上涂覆 YAG 荧光粉来制作白光 LED 的工艺流程如图 3-1 所示，下面的内容将对这种工艺流程中的关键因素进行讨论。

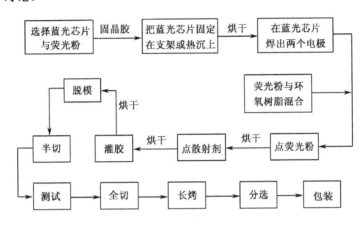

图 3-1　涂覆 YAG 荧光粉制作白光 LED 的工艺流程

1. 选择蓝光芯片与荧光粉

选择与荧光粉匹配的蓝光芯片是制作好白光 LED 的第一步。波长为 430～470 nm 的光都是蓝光，需要选择其中某一波长的蓝光与荧光粉进行匹配，可以有效激发这种荧光粉，从而实现较高的量子效率且出光稳定。

具体做法可以用荧光粉比较仪来选择荧光粉，即用不同波长的蓝光来激发它，哪一种在比较仪上显示的相对比值最高，就选定这种荧光粉和这一波长的蓝光芯片。一般激发荧光粉的蓝光的波长宽度约为 2.5 nm，选择这种波长是因为生产芯片的厂家要更精确地挑选出光的波长有困难，需要更精密的测试仪器，这会使制造成本提高。

2. 固定芯片

制作白光 LED 时一定要把 LED 芯片固定在支架上（或热沉上），所以必须选择一种胶把芯片黏合在支架上，使用什么胶要根据芯片来选定。

如果 LED 芯片是 V 型电极的，也就是说这种芯片是上、下各有一个电极，那么要求芯片黏合的胶既要能导电，又要能把 LED 芯片上的热量通过胶传导到支架或热沉上，所以必须用导热性能好、导电性能也好的固晶胶。现在市场上有很多种可供选择的胶。

如果 LED 芯片是 L 型电极的，也就是说在上面有两个电极，下面没有电极，因此下面就不允许导电，但是仍然需要导热性能，所以必须使用绝缘导热性能较好的胶。

绝缘导热的胶与既导电又导热的胶相比，后者的导热性能更好。当 LED 芯片衬底采用蓝宝石时，有人为了追求更好的导热性能，也可用既导电又导热的胶作为固晶胶。图 3-2 给出了将 LED 芯片用导热导电胶和导热绝缘胶固定的示意图。

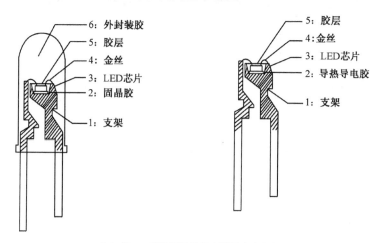

（a）将LED芯片用导热导电胶固定在支架上

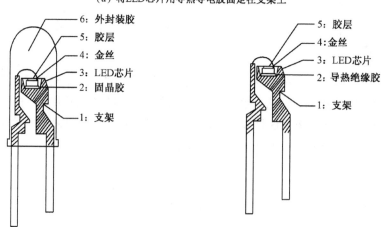

（b）将LED芯片用导热绝缘胶固定在支架上

图 3-2　固定 LED 芯片

3．电极焊线

在制作白光 LED 时，必须注意芯片 PN 两个电极的焊线，一般采用金丝球焊的可靠性较好。特别需要注意的是，加在焊线上的压力不要太大，一般在 30～40 g 之间，压力太大容易把电极打裂，而这种裂缝通过一般的显微镜都是看不见的。如果存在电极裂缝，那么在通电加热后，这个裂缝会逐步变大，相应的漏电流也会增大，这样 LED 在使用时会很快损坏。

4．生产环境

制作白光 LED 的生产环境要有 1 万级到 10 万级的净化车间，并且温度和湿度都是可调控的。白光 LED 的生产环境中要有防静电措施，车间内的地板、墙壁、桌、椅等都要有防静电功能，特别是操作人员要穿防静电服并戴防静电手套。

在 LED 芯片生产流程的每个工序中，都必须要有防静电措施。例如，在将蓝光芯片从蓝膜上撕开时，会产生 1 000 V 以上的静电，足以将 LED 芯片击穿。在没有静电防护的情况下，当人体接触 LED 时，人体上的静电通过 LED 放电而导致 LED 芯片局部击穿。芯片由于静电而被击穿后，将在 LED 的两个电极有源层及电极界面和有源层体内形成结构缺陷，即使一定的载流子注入填充了所有的缺陷，但是多余的载流子部分将发生辐射复合，并伴随着光的输出。

很难在测试时或开始使用时判定 LED 是否受到静电损伤，但是在使用的过程中会不断出现"黑灯"的现象，因为这种 LED 在使用过程中其正向漏电流会逐渐变大，达到一定程度就不再正常工作。

5．烘烤芯片

在制作白光 LED 工艺过程中，要随着工艺流程将 LED 芯片放进烘箱内烘烤 3～4 次。应当合理地控制烘箱的温度和烘烤的时间，最好温度不超过 120℃，否则将损坏 PN 结，因此，可以将烘烤的时间设定得长一些，但是温度不要高于 120℃。

6．涂覆荧光粉

首先要把荧光粉和环氧树脂调配好，调配的浓度和数量都要根据以往的经验。这里要特别强调的是，胶和荧光粉一定要充分搅拌均匀，要让 A、B 胶充分混合。在点荧光粉（荧光粉和胶混合，即点胶）的过程中，荧光粉不能沉淀，浓度要始终保持一致。

点荧光粉所用的设备、装胶的容器和针头都要保持一定的温度并不断搅拌，防止胶凝固和荧光粉沉淀。点胶的针头最好使用不粘胶的针头，这种针头只需轻轻一吹就会干净。在点胶过程中要保证针头不发生堵塞，并且出胶要均匀，这样做才能使白光的色温一致性较好。

目前生产白光 LED 的厂家，大多数是采用人工点荧光粉，点荧光粉的工人要经过长期的培训，在掌握经验后才能很好地完成这项工艺。点荧光粉所用的点胶机一般有以下两种。

（1）**粘胶机**：即将荧光粉和胶配好后，均匀地分布在滚筒上，滚筒不断滚动，这样胶就可以均匀分布在滚筒的外壁上。把焊好金丝的蓝光芯片的整个支架（20 粒）靠到滚筒上，滚筒上的荧光粉胶就会均匀地粘到 20 个芯片的支架"碗"内。图 3-3 为荧光粉粘胶机的示意图。

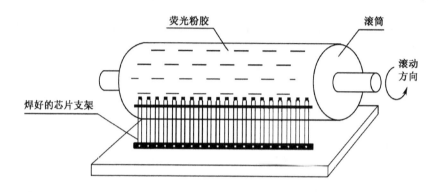

图 3-3　荧光粉粘胶机

（2）**点胶机**：用自动配好荧光粉的胶从针头滴到焊好 LED 的支架上，其工作原理就像灌胶机一样。灌胶机一次可灌 20 粒，点荧光粉胶一般一次为 4～5 粒。这种点胶机滴出来的胶量可以进行调节控制。装在点胶机容器内的胶要保持一定的温度，需要经常搅拌，这样不会产生沉淀。以上两种机器都适用于 ϕ3 mm、ϕ5 mm 等引脚式封装的 LED 管子。图 3-4 为荧光粉点胶机的示意图。

有些制造大功率白光 LED 的方法，是预先把荧光粉和胶调配好，然后开出一个模子，把荧光粉胶刷在模子上，让它干后成为一片胶饼，再把胶饼盖在焊好的大功率 LED 的芯片上，并用适量的胶把胶饼固定在芯片上，这样做出来的 LED 色温会比较一致。

目前有人将荧光粉结晶变成荧光粉晶体，再对荧光粉晶体进行切片，切片的大小要根据 LED 芯片的表面积大小来决定，厚度要根据色度来决定。切下来的晶片贴在大功率 LED 芯片表面，这样大功率 LED 的色温比较均匀，而且根据荧光粉晶片的厚度，可以做出不同的色温。

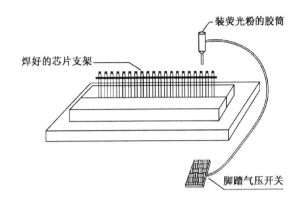

图 3-4 荧光粉点胶机

3.1.3 大功率白光 LED 的制作

大功率（W 级功率）白光 LED 的制作，随着蓝光 LED 芯片技术的不断提高和封装新材料的不断出现，其封装的技术和工艺也在不断改进。

目前，市场上的大功率白光 LED 从 1 W 到几十瓦都有，但 1～3 W 的白光 LED 采用单芯片 LED 封装成点光源，而 5 W 以上的大多数白光 LED 是由大功率蓝光 LED 芯片集成的，特别是 10 W 以上大功率白光 LED 一般都直接集成在铝基板或铜基板上，然后做成条状或圆盘状的面光源。

第 2 章介绍了 W 级功率 LED 的制作方法，着重介绍了将 W 级功率 LED 芯片固定在铝基板（或铜基板）上的几种办法。在制作 W 级功率白光 LED 时，也是用同样的办法把 LED 芯片固定在热沉上的。

但是，W 级功率白光 LED 的封装有其特殊性：一是 W 级功率白光 LED 在封装时必须用到荧光粉；二是 W 级功率白光 LED 在封装时的功率大、发热量大。因此，在封装 W 级功率白光 LED 时，必须考虑以下三个通道。

● **电流通道**：W 级功率白光 LED 通过电流比较大，一般是几十毫安到几百毫安以上，所以这种电流通道要考虑好。

● **出光通道**：光从蓝光 LED 芯片发光层发出，如何让一部分蓝光激发荧光粉，从而发出黄光和另一部分蓝光，以合成白光，这是需要仔细研究的。

● **热通道：** 由于 W 级功率白光 LED 发出的热量大，如何让热量传导出去，从而降低 W 级功率白光 LED 中 PN 结的温度，这也是需要考虑的。

这三个通道能否设计好，对于 W 级功率白光 LED 来说是至关重要的。这三种通道最好都是独立的，不要共用，特别是电流通道和热通道不要共用。图 3-5 是 W 级功率白光 LED 的出光、通电和导热示意图。

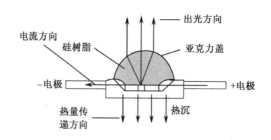

图 3-5　W 级功率白光 LED 的出光、通电和导热示意图

1. 电流通道

W 级功率白光 LED 的电流通道的通过电流很大，因此选用的导电金丝也要使用比较粗的，每种金丝的直径大小与允许通过的最大电流都有相应的参考系数，可根据这种参考系数进行选用。

另外，由于电流大，在开、关电源波动时有很大的冲击电流，因此要求电通道耐冲击。白光 LED 器件温度差别也较大，因此用来封装的各种材料的热胀冷缩系数要选配好，特别是要考虑金丝在热胀的情况下能否经受大电流的冲击。

2. 出光通道

由于 W 级功率白光 LED 发热量大、温度高，环氧树脂在高温下会发黄变污，因此降低了透光率，阻碍了出光通道，最终影响出光。在选用出光通道的材料时，考虑到长期使用时由于紫外光照射，会使胶产生"玻璃化"，因此 W 级功率白光 LED 的封装胶在目前情况下应选硅凝胶（或硅树脂）。

另外，要考虑到折射率的因素，W 级功率白光 LED 的芯片折射率一般约为 3.0，封装胶的折射率应选为过渡值。LED 光会从折射率约为 3.0 的芯片发射到折射率为 1 的空气中，那么中间层应选用多大的折射率呢？一般情况下，折射率应大于 1.5，这样出光效率才会高。

W 级功率白光 LED 出光的半强度角是由封胶和盖壳决定的, 这个半强度角要根据 LED 芯片出光的特性来设计, 一般设计的角度是 30°、60°、90°、120° 等。根据 LED 芯片的出光位置, 要把光强"集中"起来向出光角度射出, 这样才能得到较大的光强。

3. 热通道

W 级功率白光 LED 的热通道也是十分重要的, 它直接关系到 W 级功率白光 LED 的使用寿命和光衰。LED 芯片中的 PN 结温度升高, 促使芯片温度升高, 然后芯片的温度就会传导到热沉上。这中间应配有较好的导热材料, 才能使芯片的温度很快地传到热沉上。现在, 这种导热胶有很多种, 要根据实际使用情况进行选择。

目前, 连接芯片与热沉之间有两种办法: 一是用固晶胶把芯片与热沉连接, 二是用锡和金的合金进行共晶焊接。这两种方法如果实现得很好, 都会获得良好的导热效果。导热还与芯片的接触面积有关系, 所以芯片与热沉的接触面积大, 其导热的面积也大, 导热也快。

4. 评价 W 级功率白光 LED

对于 W 级功率白光 LED, 由于 LED 芯片和封装所用的材料及工艺不一样, 所得到的管子性能也不一样。如何判断一个 W 级白光 LED 的管子的优劣呢? 一般可以通过以下几个指标来评价:

● 经过一段时间连续点亮, 它的光通量衰减曲线是怎样的? 反向漏电有什么变化? 色温有什么变化?
● W 级功率白光 LED 的色温分布是怎样的? 光强的分布情况是怎样的?
● 热阻大小是多少?

这几个指标是判断 W 级功率白光 LED 优劣的重要指标。

3.2　白光 LED 的可靠性及使用寿命

照明光源经过一段时间点亮会老化, 实际上允许光通量维持率有一定的衰减, 但其色温仍应保持在一定范围内。一旦光通量下降至初始值的 50% 后, 或者色温变化大, 超过额定标准, 则该光源的有效使用寿命终止, 这段时间称为光通量的半衰期, 即该光源的半光衰寿命, 简称白光 LED 的寿命。

目前，美国、日本生产的白光 LED 寿命可达数万小时以上，我国生产的白光 LED 的寿命相差很多，有的厂家的产品可达上万小时以上，有的产品则只有几百小时。下面探讨白光 LED 可靠性与寿命的有关问题。

3.2.1　影响白光 LED 寿命的主要因素

白光 LED 的寿命主要取决于 LED 芯片的质量、LED 芯片的设计和芯片的材料，以下因素都会对白光 LED 的寿命产生影响：

- 芯片良好的导热性；
- 芯片的抗静电性能；
- 芯片的抗浪涌电压和电流等。

因此，在制作白光 LED 时，首先要了解 LED 芯片的性能指标，同时还要了解白光 LED 使用的环境条件和允许的极限指标，这样才能正确使用白光 LED，使其使用时间和可靠性达到最佳状态。

3.2.2　工艺流程对白光 LED 寿命的影响

除了芯片本身的质量因素之外，LED 的工艺流程还对其使用寿命有着显著的影响。如何更好地控制工艺流程中的各个步骤并选用合适的辅助材料，从而保证一定的使用寿命是我们下面讨论的重点。

1. 封装方法

有了好的 LED 芯片，还要有科学的封装方法，这样才能得到寿命较长的白光 LED 光源。

首先对白光 LED 封装所用的材料进行分析。固定 LED 芯片所用的固晶胶，有导电胶和绝缘胶之分，如果 LED 芯片为 V 型电极，就必须使用导电胶，这种固晶胶既能导电又能导热。如果 LED 芯片是 L 型电极，就要使用导热性能好的绝缘胶作为固晶胶。

其次是选用引脚式封装的支架，目前支架由两种材料做成：一种是铁支架，外表镀银；另一种是铜支架，外表也是镀银。这两种材料的导热系数不一样，相差比较大，一般用铜支架做成的 LED 要比用铁支架做成的 LED 寿命长一倍以上。

2. PN 结的工作温度

理论和实践都已经证明，LED 的寿命与 LED 的 PN 结工作温度紧密相关。PN 结的工作温度一般在 110～120℃之间，但在设计中，应当考虑长期工作的情况下，PN 结尽量保持在 100℃左右。当 LED 芯片内结温升高 10℃时，光通量会衰减 1%，LED 芯片发光的主波长就会漂移 1～2 nm。

对于白光 LED 来说，温度对白光 LED 的寿命影响很大。一方面 PN 结温升，促使光衰增大；另一方面促使发光主波长漂移，同时也影响光对荧光粉的有效激发，不但光衰增大，色温也产生变化。因为主波长改变了，激发的黄光也发生变化，结果混合光就和原有光的色温不一样。

 补充资料

白光 LED 对温度十分敏感。使用白光 LED 要注意控制温度，不让 PN 结的温升超出额定值。封装厂家要千方百计考虑怎样让 LED 芯片内的热量导出，但反过来外面的热量也会通过 LED 的引脚传导到芯片内部。例如，ϕ3 mm、ϕ5 mm 的 LED 在安装使用时，一定要经过焊接才能固定在 PCB（印制电路板）上或者其他线路板上。

有两种焊接方法：一种是用烙铁直接焊接，另外一种是用波峰焊或浸焊。一般使锡熔化的温度为 230℃～260℃，焊接时间要短，一般在 3 s 以内。如果引脚比较短，焊接速度还要更快，否则就会把烙铁或锡炉中的热量传导到 LED 芯片内部，这种高温会对 LED 造成一定的损坏。

在使用白光 LED 时，常会发现白光 LED 经过焊接后（或经波峰焊后）发生色温变化，这种现象可能与下列情况有关：

（1）点荧光粉胶时在芯片周围有气泡，而在抽真空时没有把气泡处理干净，结果在焊接时将热量传给芯片，使芯片周围的气泡膨胀，从而把荧光粉胶胀裂。

（2）可能荧光粉胶调配不均，没有让 A、B 胶充分混合，因此使荧光粉胶自己开裂；或者由于荧光粉胶没有烘干，也会出现开裂。这几种情况均会使荧光粉胶上出现裂缝，造成蓝光直接从裂缝中射出，没有激发荧光粉，从而使色温发生变化。

3.2.3　引起白光 LED 快速衰减的主要原因

引起白光 LED 器件快速衰减的主要是由蓝光 LED 芯片的衰减还是荧光粉衰减造成的，目前 LED 业内人士对此的看法并不一致。有人使用同样的蓝宝石衬底 GaN 基蓝光 LED 芯片、支架、环氧树脂封装材料，制成ϕ5 mm 支架式蓝光 LED 和白光 LED，然后比较两组器件长期工作后的光通量衰减情况。在实验时，点亮电流均为 20 mA，测试电流也为 20 mA，环境温度、测试仪器都一样，结果白光 LED 比蓝光 LED 的光通量衰减要快（如图 3-6 所示）。由于两组器件的差别在于白光 LED 的封装中添加了荧光粉，人们很自然就会想到是否因为荧光粉衰减而导致白光 LED 的衰减加速。

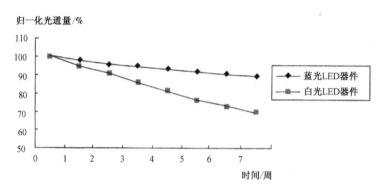

图 3-6　白光 LED 和蓝光 LED 的光通量衰减的比较

我们都知道，如果是荧光粉衰减，那么必然会出现由荧光粉激发出的波长峰值为 570 nm 的黄绿光衰减，从而导致白光 LED 的色度坐标向蓝色调方向变化，即色度坐标值减少。经过测试，实际结果却表明白光 LED 器件的色度坐标反而向黄色调方向变化，因此，可以认为荧光粉不是造成白光衰减加速的主要因素。持这种观点的人认为：与普通 LED 相比，蓝光、白光 LED 的不同之处在于发光的波长较短，环氧树脂在吸收短波长的光辐射后会氧化，继而形成色团。此外，环氧树脂还会因受热而变化，称为"黄变"，从而造成短波长的光穿透率下降。这种现象对红光 LED 不构成影响，但对蓝光、白光 LED 影响较大，这是蓝光、白光 LED 衰减较快的一个重要原因。

如果将白光 LED 的芯片上涂一层薄荧光粉，然后分析比较两种器件的光线在器件内部的行程，就会发现蓝光 LED 的光线直接透过环氧树脂射出，而白光 LED 器件由于表面存在荧光粉层，一部分光线直接射出，一部分光线射向荧光粉颗粒。荧光粉颗粒除了将部分蓝光转换为黄光之外，由于光线还有各向同性的散射作用，因此造成荧光粉层附近的短波长光辐射和热量高度集中，这样荧光粉层附近的环氧树脂更容易发生"黄变"，这对白光 LED 的衰减也会有影响，如图 3-7 所示。

有人也做过这样的实验：选用同一蓝光芯片与不同的荧光粉，选用的荧光粉激发光谱峰值波长为 460 nm±5 nm，由于稀土掺杂不同导致发射波长有 540 nm、550 nm、560 nm 三种，三种不同发射波长的光通量随时间的变化情况如图 3-8 所示。

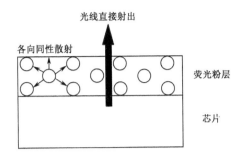

图 3-7　光的各向同性散射的影响

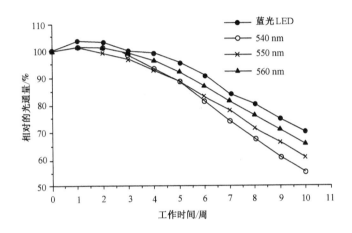

图 3-8　三种不同发射波长的光通量随时间的变化

由图 3-8 可见，发射波长是 560 nm 时衰减比较少，可以得出结论：用同一种蓝光芯片激发不同杂质的荧光粉，将导致发射不同的黄光波长，因此混合而成的白光也有不同的衰减。这说明荧光粉衰减是主要的因素。

还有人选用同一种芯片和同一种荧光粉（调配的胶和浓度都一样），而涂在蓝光芯片上的荧光粉厚度不一样。这样进行实验，发现涂较厚的荧光粉比涂较薄的荧光粉的芯片，其白光衰减较快，如图 3-9 所示。

综上所述，引起白光 LED 的衰减有多种原因，要根据实际情况进行分析，然后用实验去证实。

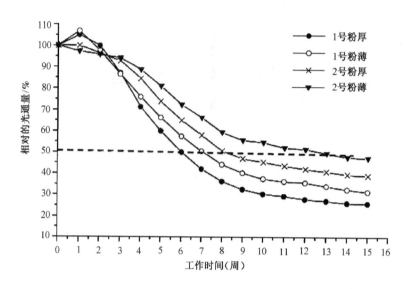

图 3-9　芯片的荧光粉涂层厚度不同，其光通量随时间的变化

3.3　荧光粉

在制作白光 LED 的方法中，有两种方法都与荧光粉有关。因此在制作白光 LED 时，必须对荧光粉进行仔细研究。目前，市场上出现了多种多样的荧光粉，应合理选择荧光粉和 LED 进行配合，这样才能制成理想的白光 LED。下面主要讨论 YAG 荧光粉与 RGB 荧光粉的相关问题。

3.3.1　YAG 荧光粉

制作白光 LED 的方法之一是在蓝光 LED 芯片外面涂覆荧光粉，具体的工艺是将发射光的波长主峰在 450～470 nm 范围内的蓝光 LED 芯片焊好后，在其表面涂覆稀土钇铝石榴石（YAG）系列荧光粉。这种荧光粉在蓝光辐射下会发射黄光，这样，部分蓝光转变成黄光，和剩余的蓝光混合形成白光 LED。

由于稀土钇铝石榴石荧光粉有两个特点：一是它发射光的波长主峰在 500～580 nm 范围内，即在黄光区域的任意位置；二是它的最佳激发波长在 430～480 nm 范围内的不同位置。因此，选用该系列荧光粉加上配有不同波长蓝光的 LED，就可以制备不同色温的白光 LED。

1996 年 7 月 29 日，日亚化学公司在日本最早申报的白光 LED 的发明专利就是在蓝光 LED 芯片上涂覆 YAG 黄色荧光粉，通过芯片发出的蓝光与荧光粉被激活后发出的黄光互补形成白光。实际上，在 20 世纪 70 年代时就有许多人研究 YAG 荧光粉，当时主要应用在飞点扫描仪上，主要是利用 Ce^{3+} 的发光具有超短余辉的特点。1999 年，我国的有关单位在 YAG 荧光粉基础上进行了改进，制备出一系列具有不同发射主峰波长（520～560 nm）的黄色荧光粉，并成功地应用于蓝光激发的白光 LED。

有人为了避开专利问题，采用"蓝光 LED+绿色荧光粉+红色荧光粉"的办法来制作白光 LED，即用蓝光 LED 激发绿色和红色荧光粉，其中绿色荧光粉可采用发射光的波长主峰为 500～530 nm 的稀土钇铝石榴石荧光粉。而对于红色荧光粉，目前尚未找到一种发光效率足够高的材料，通常是采用铕/锰激活的氧化物或盐类化合物，也可能是用铕激活的有机发光材料。改进荧光粉之后，红光部分有显著增强，将来就可以实现第三种获得白光 LED 的方法。

3.3.2　RGB 荧光粉

在紫光及紫外光激发的白光 LED 产品方面，飞利浦公司于 1997 年 5 月 27 日在美国申报了"UV（紫外光）LED+荧光粉"发光装置的发明专利，但是该专利没有涉及具体荧光粉的组成。

我国的有关单位已经在 2000 年开始了紫光及紫外光激发的白光 LED 用荧光粉的研究，并于 2001 年 6 月分别在第五届中韩双边新材料学术研讨会和北京第四届国际稀土研究与应用学术研讨会上，报告了可应用于紫光及紫外光激发的白光 LED 的稀土三基色（RGB）荧光粉的组成，这些荧光粉已在紫光及紫外光激发的白光 LED 中得到了应用。

美国 GE 公司有多项有关 UV LED 激发的三基色荧光粉组成的专利，其中最早的一项是 2000 年 5 月 26 日在美国申报的，公布专利日期是 2002 年 7 月 3 日。他们报送的两种蓝色荧光粉的组成与我国某一单位提出的红色荧光粉组成基本一致，但总的来说，红色荧光粉的发光效率还是不够高，无法满足白光 LED 的要求，需要进一步改进。

3.3.3　各种荧光粉的应用与发展

总而言之，近几年在 LED 荧光粉方面的发展非常迅速。美国 GE 公司持有多项专利，国内也有一些专利报道。蓝光 LED 激发的黄色荧光粉基本上能满足目前白光 LED 产品的要求，但还需要进一步提高效率，降低粒度，最好能制备出直径在 3～4 nm 之间的球形荧光粉。

在"蓝光 LED+绿色荧光粉+红色荧光粉"的方法中，绿色荧光粉的效率基本上能满足要求，但红色荧光粉的效率需要有较大的提高。

在"紫外或紫外光 LED+RGB 荧光粉"的方法中，三种荧光粉的效率都需要有较大的提高，其中红色荧光粉的效率最低。最近，在红色荧光粉方面已经取得了一些进展，但发光效率较高的荧光粉主要是硫化物体系，其稳定性能差。因此，还需要尽快研制效率高、稳定性好的荧光粉，以满足半导体照明技术发展的需要。各种荧光粉的化学成分及其应用如表 3-1 所示。

表 3-1 各种荧光粉的化学成分及其应用

种类	名 称	组 成	特 性
1	Ce^{3+}激活的稀土钇铝石榴石体系（YAG）	$Y_3Al_5O_{12}$: Ce, $Y_3Ga_5O_{12}$: Ce $(Y_{1-a}Gd_a)_3(Al_{1-b}Ga_b)_5O_{12}$: Ce YAG: Ce, M	发射高效的绿、黄、橙黄可见光，物理化学性能稳定
2	Ce^{3+}或 Eu^{2+}激活的硫代镓盐	MGa_2S_4: Ce^{3+}, MGa_2S_4: Eu^{2+} (M=Ca, Sr, Ba)	蓝绿色可见光，制备复杂，性能不稳定，易潮解
3	碱土金属硫化物，硫化锌型硫化物	GaS:Eu^{2+}, (Ca, Sr)S: Eu^{2+} CaS:Ce^{3+}, ZnS: Cu	发射绿、红色可见光，不稳定，易潮解
4	Eu^{2+}激活的铝酸盐	$SrAl_2O_4$:Eu, $SrAl_2O_4$:Eu,Dy $Sr_4Al_{14}O_{25}$: Eu $Sr_4Al_{14}O_{25}$: Eu,R	发射绿、黄绿可见光，具有很长的余辉，不稳定，易潮解
5	Eu^{2+}激活的碱土金属卤磷酸盐	$(Sr, Ca)_{10}(PO_4)_6Cl_2$:Eu $(Ba, Ca, Mg)_{10}(PO_4)_6Cl_2$:Eu	蓝、蓝绿发光， ≤440 nm 激发
6	Eu^{2+}激活的卤硅酸盐	$Sr_4Al_3O_8Cl_4$:Eu^{2+}等	蓝绿色，绿光
7	Mn^{4+}激活的氟砷（锗）酸镁	$6MgO.As_2O_5$:Mn^{4+} $3.5MgO.0.5MgF_2.GeO_2$:Mn^{4+}	发射红光(655 nm)， ≤440 nm 激发

3.4 RGB 三基色合成白光 LED 的制作

RGB 三基色混合成白光也是制作白光 LED 的一种方法，这种方法将 LED 的红、绿、蓝三种芯片组合在一起，通过电流让它们发出红、绿、蓝三种基色光，然后混合成全彩色的可见光。这种方法得到的白光有良好的显色性能、较宽的色温范围，并且可方便获取所用的材料和 LED 芯片。

3.4.1　基本原理

这种方法经常在三个 LED 芯片中加入一个控制电流 IC（集成电路）芯片，一方面可控制供给 LED 的各个芯片的恒定电流，防止因 LED 工作电流变化引起光的主波长偏移而变色，继而使白光的色温也发生变化；另一方面，可以控制通过三个 RGB LED 芯片的电流大小，从而使三个芯片的发光强度相应发生变化，实现三基色光混合比例随之发生变化，这样就可以产生多种变换的色彩。通过这种方法生产的 LED 产品很受人们的欢迎。

目前，市场上使用 LED 三基色 RGB 芯片混合白光的产品分为三类：

● 将三个红、绿、蓝芯片封装在 $\phi 5$ mm～$\phi 10$ mm 的一个组件内，红、绿、蓝的发光强度比例固定并接通电流，这样发出的就是白光；

● 可以加装一个 IC 芯片，控制三个芯片的工作电流大小，三种基色光强随电流大小变化，使发出的混合光颜色随之变换；

● 可做成 W 级大功率 LED，将功率级芯片的红、绿、蓝三基色混合成白光，这种合成的白光视角大、亮度高，特别适合作为各种灯箱广告的背光源和多彩变换的夜景灯，以美化环境、亮化城市。

3.4.2　注意事项

对于制作 RGB 三基色合成的白光 LED，必须注意以下几个问题。

（1）三种 LED 芯片发出光的主波长一般是红光为 615～620 nm，绿光为 530～540 nm，蓝光为 460～470 nm。要达到最佳光效，可在这三种光的主波长范围内经过实验选择最佳的主波长配比。如果为了提高显色指数，可采用蓝光（460 nm）、绿光（525 nm）、黄光（580 nm）、红光（635 nm）组合，这种光的主波长配比可得到最佳的显色指数（达 95 以上），光效可达 35～40 lm/W，最低色温可做到 2 700 K。为了兼顾出光效率和显色指数，三种 LED 芯片发出的光的主波长和发光强度需要进行优化组合。根据所用的模式和材料多做几次实验，可得到最佳效果。

（2）三种 LED 红、绿、蓝芯片的发光强度的比例，一般选择 3（红）:6（绿）:1（蓝），但是要考虑到不同芯片光衰不一样；而且当点亮发热后，三基色光的主波长漂移也不同。同时考虑这几个因素，进行综合的实验来得到最好的效果，所以上述比例只作为参考，而不是固定的结论。

（3）如果将三种 LED 芯片简单地排列封装在一起，这样不能使三种 LED 的颜色光很好地混合成白光。图 3-10 给出了 RGB 三色混合的示意图，只有 A 区是三种颜色都有的区域，所以只有 A 区才是白光，其他区域都不是白光。RGB 三种芯片发出的光能量主要分布在以光源光轴为中心的一定角度之内，因此不同位置上由不同芯片发出的光要传播一定距离后，才可能发生交叠进而混色。然而即使在传播一定距离后，仍然只有中心区域才出现白光，也就是说中心区域以外的区域仍然没有混合，并且发散角度比较大的光线在经过传播后远离中心，继而造成发光效率降低。

因此，如何在较短传播距离内高效地混光，是封装高质量三基色白光 LED 的关键所在。只有通过特殊的封装设计，才能解决这个问题，如图 3-11 所示。采用这种结构后，三种光基本集中在一个区域进行混光，所以在制作三基色合成白光 LED 时，应该在热沉上和模粒上进行一些特殊的结构设计，从而使三种基色光能在集中的区域混合产生有效的白光。

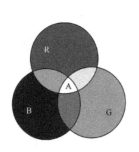

图 3-10　RGB 三基色的混合

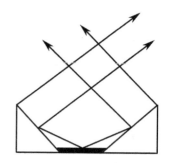

图 3-11　三基色光混合的特殊结构设计

（4）多芯片集中封装在一个器件中，热量的散发会更加困难。因此在制作 RGB 三基色光混合成白光时，特别要注意散热的问题。这三种芯片其温度特性不一样，温度变化会引起色温偏差（大功率 LED 散热的设计及采取的措施已在第 2 章加以说明）。表 3-2 对几种主要的白光 LED 制作效果进行了比较。

表 3-2　几种主要的白光 LED 制作效果[9]

名称 特性	紫外 LED+ RGB 荧光粉	蓝光 LED+ 黄光荧光粉	二元互补色 LED 组合 黄与蓝	RGB 芯片组合	白光 LED 芯片
显示率	最好	一般	一般	好	一般
色稳定性	最好	好	一般	一般	好
光通量保持率	试验之中	一般	好	好	好

续表

名称 特性	紫外 LED+ RGB 荧光粉	蓝光 LED+ 黄光荧光粉	二元互补色 LED 组合 黄与蓝	RGB 芯片组合	白光 LED 芯片
荧光材料	在试制	较成熟			
效率	最好	好	一般	一般	好
应用	白光灯	背光源	特殊照明	显示	背光源

3.5　本章小结

本章主要介绍了几种制作白光 LED 的方法，随着技术的进步，新材料和新工艺的不断出现，制作白光 LED 的方法也会不断地更新。由于 LED 特点是省电、长寿命、环保，对于照明光源这正是人们所追求的。但是如果要使白光 LED 达到 200 lm/W 的出光效率，使用寿命达到 10 万小时以上，目前的产品与技术还相差很远，还需要技术人员进行大量的研究工作。

提高白光 LED 的光效，减少光衰并延长使用寿命，目前的发展趋势是从两个方面着手：一是对于蓝光（或紫外光）芯片涂覆荧光粉制作白光 LED，这要从材料上、工艺方面进行深入研究，有人提出使用硅凝胶拌荧光粉涂覆在蓝光芯片上，虽然开始会出现光衰，但是随着点亮时间延长，又会慢慢提升光通量，从而达到延长使用寿命的目的；二是让芯片直接点亮（不用荧光粉）混合成白光，例如使用红、绿、蓝三种芯片组合成白光，最理想的是直接能发出白光的 LED 芯片，如今已经在实验室中出现，但出光效率和使用寿命还不理想，有待进一步研究。

第 4 章

LED 的技术指标和测量方法

LED 在其芯片内是通过正向电流发光的，其主要的技术指标包括：

- 输入参数为电量的各项指标，即电学指标；
- 输出参数为光学的指标，含光的强弱和颜色等各项指标；
- 代表输入与输出之间电光转换效率的指标；
- 与 LED 器件性能有关的热学指标。

LED 的各项技术指标是衡量产品质量的重要依据，掌握各项指标的测量方法对从事 LED 技术工作的人员来说是必不可少的。本章将从技术指标和测量方法两个方面展开讨论。

4.1　LED 的电学指标

4.1.1　LED 的电流-电压特性

图 4-1 所示为 LED 工作的电流-电压（I-V）特性图。发光二极管具有与一般半导体二极管相似的输入伏安特性曲线，下面分别对图中所示的各段进行说明。

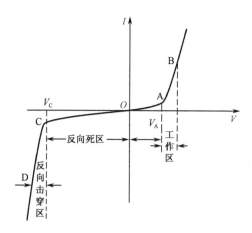

图 4-1　LED 工作的电流-电压特性

1. OA 段：正向死区

V_A 为开启 LED 发光的电压。红色（黄色）LED 的开启电压一般为 0.2～0.25 V，绿色（蓝色）LED 的开启电压一般为 0.3～0.35 V。

2. AB 段：工作区

在这一区段，一般是电流随电压增加，发光亮度也随之增大，但在这个区段内要特别注意，如果不加任何保护，当正向电压增加到一定值后，发光二极管的正向电压会减小，而正向电流会加大。如果没有保护电路，会因电流增大而烧坏发光二极管。

3. OC 段：反向死区

发光二极管加反向电压是不发光的（不工作），但有反向电流。这个反向电流通常很小，一般在几 μA 之内。在 1990—1995 年，反向电流定为 10 μA，1995—2000 年为 5 μA；目前一般是在 3 μA 以下，但基本上是 0 μA。

4. CD 段：反向击穿区

发光二极管的反向电压一般不要超过 10 V，最大不得超过 15 V。超过这个电压，就会出现反向击穿，导致 LED 报废。

4.1.2　LED 的电学指标

对于 LED 器件，一般常用的电学指标有以下几项。

（1）**正向电压 V_F**：LED 正向电流在 20 mA 时的正向电压。

（2）**正向电流 I_F**：对于小功率 LED，全世界一致定为 20 mA，这是小功率 LED 的正常工作电流。但目前出现了大功率 LED 的芯片，所以 I_F 就要根据芯片的规格来确定正向工作电流。

（3）**反向漏电流 I_R**：按 LED 以前的常规规定，指反向电压在 5 V 时的反向漏电流。如上面所述，随着发光二极管性能的提高，反向漏电流会越来越小，但大功率 LED 芯片尚未明确规定。

（4）**工作时的耗散功率 P_D**：即正向电流乘以正向电压。

4.1.3　LED 的极限参数

对于 LED 器件，一般常用的极限参数有以下几项：

（1）**最大允许耗散功率** $P_{max}=I_{FH}\times V_{FH}$：一般指环境温度为 25℃时的额定功率。当环境温度升高，则 LED 的最大允许耗散功率将会下降。

（2）**最大允许工作电流** I_{FM}：由最大允许耗散功率来确定。参考一般技术手册中给出的工作电流范围，最好在使用时不要用到最大工作电流。要根据散热条件来确定，一般只用到最大电流 I_{FM} 的 60%为好。

（3）**最大允许正向脉冲电流** I_{FP}：一般是由占空比与脉冲重复频率来确定。LED 工作于脉冲状态时，可通过调节脉宽来实现亮度调节，例如，LED 显示屏就是利用这个手段来调节亮度的。

（4）**反向击穿电压** V_R：一般要求反向电流为指定值的情况下可测试反向电压 V_R，反向电流在 5～100 μA 之间。反向击穿电压通常不能超过 20 V，在设计电路时，一定要确定加到 LED 的反向电压不要超过 20 V。

4.1.4　LED 的其他电学参数

在高频电路中使用 LED 时，还要考虑以下两个因素。

● 结电容 C_j；
● 响应时间：上升时间 t_r 和下降时间 t_f。

当 LED 接在高频电路中使用时，要考虑到结电容和上升、下降时间，否则 LED 无法正常工作。

4.2　LED 的光学指标

人眼对自然界光的感知有两个方面：一是光的颜色，二是光的辐射强度。我们从这两方面展开讨论，进而分析 LED 的各种光学指标。

4.2.1　光的颜色的三种表示法

本节我们将介绍光的颜色的表示法，其中有：

● 国际照明委员会色品图表示法；

- 光的颜色鲜艳度；
- 色温或相关色温。

下面将逐一对其进行介绍。

1. 国际照明委员会色品图表示法

国际照明委员会（CIE）于 1931 年研究提出了 XYZ 色品图，1960 年又在 XYZ 色品图的基础上提出了 UCS 色品图。

颜色感觉是光辐射源或被物体反射的光辐射作用于人眼的结果，因此，颜色不仅取决于光刺激，而且取决于人眼的视觉特性。

关于颜色的测量和标准应该符合人眼的观测结果。但是，人眼的颜色特性对于不同的观测者或多或少会有一些差异，因此要求根据大量观测者的颜色视觉实验，确定一组为匹配等能光谱色的三原色数据，即"标准色度观测者光谱三刺激值"，以此来代表人眼的平均颜色视觉特性，用于色度学的测量和计算。

CIE 于 1931 年在 RGB 系统的基础上采用设想的三原色 X、Y、Z（分别代表红色、绿色和蓝色），建立了 CIE1931 色品图，如图 4-2 所示。该图是归一化图，只要标示 X、Y 值，就可以知道 Z 的值（$Z=1-(X+Y)$），因而三变量的色品图就变成 X、Y 二变量的平面图。

2. 光的颜色鲜艳度

光的颜色鲜艳度必须用光的主波长 λ_d 和色纯度来表示。目前，LED 芯片供应商都是用主波长 λ_d 来表示鲜艳度，而不用峰值波长 λ_p 来表示。

（1）**主波长 λ_d**：图 4-3 所示为色品图，图中 AB 为黑体轨迹。设 F 点为某一光源在色品图中的坐标，E 点为理想等能量白光的参考光源点，在色品图坐标中为（0.3，0.3）。由 E 点连接 F 点并延伸交于 G 点，则 G 点对应的单色光波长即称为 F 点光源的主波长 λ_d。

（2）**峰值波长 λ_p**：光谱发光强度或辐射功率最大处所对应的波长，它是一种纯粹的物理量，一般应用于波形比较对称的单色光的检测。

（3）**中心波长**：光谱发光强度或辐射功率出现主峰和次峰时，主峰半宽度的中心点所对应的波长。一般应用于配光曲线法向方向附近凹进去的、质量不好的单色管的检测。

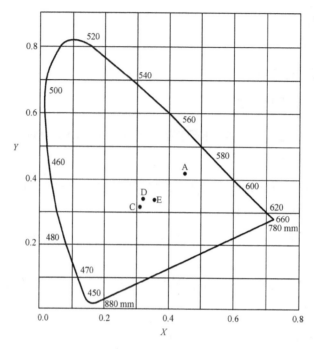

图 4-2　CIE1931 色品图

（4）**色纯度** P_e：如图 4-3 所示，P_e=EF/EG。如果某一光源在色品图中 F 点的坐标越靠近 G 点，那么 EF 和 EG 的长度就越接近相等，P_e 越接近 1，色纯度就越高。色纯度通俗地说是指出射光的色坐标靠近 CIE1931 色品图上光谱轨迹的程度，靠得越近则纯度越高。所以，若色坐标位于光谱轨道上，则色纯度为 100%；反之，等能的白光纯度则为 0%。色纯度也是一种生理-心理物理量。

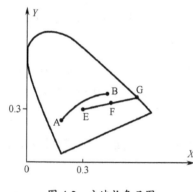

图 4-3　主波长色品图

（5）**半宽度**：光谱发光强度或辐射功率最大处一半的宽度（FWHM），简称"带宽"。带宽越小则颜色越纯，显然它也是纯粹的物理量。

3. 色温或相关色温

白光在照明领域的使用，一般用色温或相关色温表示（有时也用色坐标表示）。光源的颜色有两方面的意思，即色表和显色性。色表就是人眼直接观察光源时所看到的颜色感觉；光源的光照射到物体上所产生的客观效果，即光源使被照有色物体的颜色再次显现出来的能力，称为光源的显色性。

光源发光的颜色可用色温 T_c 表示。当光源所发射光的颜色与黑体在某一温度下辐射的颜色相同时，黑体的这个温度就称为光源的颜色温度，简称色温。

光谱的能量分布和黑体在某一温度下辐射的相对光谱能量分布相似时，其颜色必定相同，因此分布温度一定是色温，如白炽灯、卤钨灯发出光的颜色可用色温表示；但对于气体放电光源，其光谱能量分布很少与黑体的相似，所以这些光源的分布温度仅能称为相关色温。如黑体钨丝在 2000℉（华氏度 1℉=0.555556K）以上时辐射出的颜色与蜡烛点亮时发射光的颜色相同，那么钨丝 2000℉ 以上的温度就称为蜡烛光的色温。

某一光源相关色温的求法是：在 CIE1960UCS 色品图中，代表该光源颜色的坐标点向黑体白轨作垂线，与白轨相交点的黑体的色温即为该光源的相关色温。本书不再深入介绍相关色温的计算。

一般情况下，人们把高色温称为冷色调，把低色温叫做暖色调。

 补充资料

色品图转换

CIE1931 色品图中的 XY 坐标变换到 CIE1960 UCS 图中均匀色品标尺图的 UV 坐标时，其近似关系如下：

$$\begin{cases} U=(C_{11}X+C_{12}Y+C_{13})/(C_{13}X+C_{32}Y+C_{33}) \\ V=(C_{21}X+C_{22}Y+C_{23})/(C_{31}X+C_{32}Y+C_{33}) \end{cases} \tag{1}$$

麦克亚当（McAdam）的色品图转换系数是简单的整数：C_{11}=4.0，C_{22}=6.0，C_{12}=C_{13}=C_{21}=C_{23}=0，C_{31}=−2.0，C_{32}=12.0，C_{33}=3.0，应用起来十分方便。把这些整数代入式（1）可得：

$$\begin{cases} U=4X/(-2X+12Y+3) \\ V=6Y/(-2X+12Y+3) \end{cases} \tag{2}$$

所以，1960 年 CIE 根据麦克亚当的这个转换关系，制定了 CIE1960 均匀色品标尺图，该图简称 CIE1960 UCS 色品图，如图 4-4 所示。

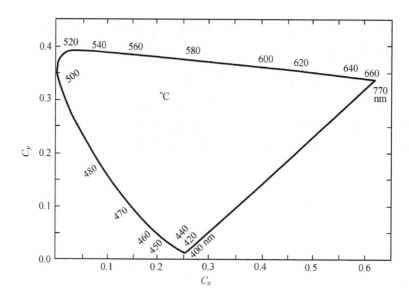

图 4-4　CIE1960 UCS 色品图

显色性与显色指数

人类看到的物体颜色都是在太阳光和其他光源照射下物体反射到人眼所看到的颜色。

太阳光或火光都是炽热黑体发出的光，它在可见光范围内是连续光谱。现代光源在可见光范围内就不一定是连续光谱，如荧光灯、高压汞灯、钠灯等，它们发出的光是不连续的光谱。使用现代光源照射物体时，由于缺少部分光谱，会有部分光谱不能反射到人眼，因此人眼看到的物体颜色与太阳照射下看到的物体颜色不一样，会有颜色失真，可用显色指数这个指标来表示这二者颜色的失真程度。

1974 年 CIE 推荐了"测验色"法来定量评价光源的显色性，用于显示指数计算比较的标准色样有 14 种。1985 年我国制定了"光源显示性评价方法"，增加了中国女性肤色的色样作为第 15 种标准色样。对于电视演播室、商场、美容场所，其照明光源的显色性尤为重要，为了比较准确地表达光的颜色，不仅要看相关色温，同时必须和显色指数结合起来分析，才能在比较接近的程度上表达光的颜色特性。

4.2.2　与光辐射强度有关的指标

1.　相对视敏函数 $V(\lambda)$ 曲线

对于有不同 λ_p 的光线，即使光功率一样，人眼感到的光强度仍是不一样。人眼对于 λ_p=555 nm 的绿光的灵敏度最高，对该值两边波长的灵敏度越来越低。当 λ_p < 380 nm 或 λ_p>780 nm 时，即使光源的光能量辐射再强，人眼也对它没有任何光的感觉。例如，在图 4-5 的相对视敏函数曲线中，对于 850 nm、880 nm、940 nm 处的红外线，人眼根本看不到。

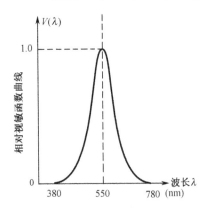

图 4-5　相对视敏函数曲线

国际照明委员会研究推荐了 $V(\lambda)$ 曲线。当 λ_p =555 nm 时，$V(\lambda)$ 为最大值 1.0；而当 λ_p =460 nm 时，$V(\lambda)$ = 0.06；当 λ_p = 660 nm 时，$V(\lambda)$ = 0.0608。

2.　光通量 Φ

光通量是按人眼的光感觉来度量光的辐射功率，即辐射光功率能够被人眼视觉系统所感受到的那部分有效当量。表征的符号为 Φ，国际通用的光通量单位为流明（lm）。

假设单色光的波长为 λ_i，则该波长的光通量 $F(\lambda_i)$ 就等于它的辐射功率 $P(\lambda_i)$ 与相对视敏函数 $V(\lambda_i)$ 的乘积，可参见式（4-1）：

$$F(\lambda_i) = P(\lambda_i) \cdot V(\lambda_i) \tag{4-1}$$

如果光源的辐射功率波谱为 $P_x(\lambda)$，则总的光通量 $F(\lambda)$ 应为各个波长分量光通量的总和，即式（4-2）：

$$F(\lambda) = \Phi = K_m \int_{380}^{780} P(\lambda) \cdot V(\lambda) d\lambda \qquad (4\text{-}2)$$

式中，$P(\lambda)$ 为给定波长的光辐射功率，单位是 W；$V(\lambda)$ 为给定波长的相对视敏函数；最大流明效率 K_m 为 683 lm/W（当 λ_p=555 nm 时）。

3. 流明效率

人眼受能见度限制，对于不同 λ_p 的光有不同的最高流明效率。

- λ_p=555 nm 时：K_m= 683 lm/W；
- λ_p=470 nm 时：$V(\lambda)$=0.0913， K_m=683×0.0913=62.40 lm/W；
- λ_p=460 nm 时：$V(\lambda)$=0.06， K_m=683×0.06=41.00 lm/W；
- λ_p=450 nm 时：$V(\lambda)$=0.038， K_m=683×0.038=26.01 lm/W；
- λ_p=660 nm 时：$V(\lambda)$=0.0608， K_m=683×0.0608=41.5 lm/W；
- λ_p=650 nm 时：$V(\lambda)$=0.107， K_m=683×0.107=73.081 lm/W；
- λ_p=620 nm 时：$V(\lambda)$=0.381， K_m=683×0.381=260.223 lm/W。

不同光源组成的白光，其最大流明效率因人眼能见度不同的原因而不同。中色温区的最大流明效率比较高，而高色温区和低色温区的最大流明效率比较低，所以对于不同的色温，其流明效率也不一样。

提高白光 LED 的光效，应考虑选用 LED 辐射的光波长和 YAG 荧光粉的光谱，当前 YAG 荧光粉的 λ_p 有 530 nm、540 nm、550 nm、560 nm、570 nm，并且带宽也不一样。

蓝光 LED 激发黄色 YAG 荧光粉形成白光时，虽然辐射出的蓝光能量有损失，但激发出黄光的最大流明比蓝光要高好几倍，所以人眼感觉到的流明效率提高了。

4. 发光强度

光源在指定方向上的立体角 Ω 之内所发出的光通量或所得到光源传输的光通量 Φ，这二者的商即为发光强度 I（单位为坎德拉，cd），即

$$I=\Phi/\Omega \qquad (4\text{-}3)$$

1 cd=1 lm/sr（流明/立体弧度）=1 烛光

若光源向空间发射的总光通量为 Φ，因光源总立体角值为 4π，则平均光强 $I_\theta = \Phi/4\pi$。实际光强在空间各个方向的分布是不均匀的，空间光强分布的曲线称为配光曲线。

5. 亮度

光源发光面上某点的亮度 L（单位为 cd/m^2），等于垂直于给定方向的平面上所得到的发光强度与该正投影面积之商，即

$$L = I/(S\cos\theta) \tag{4-4}$$

亮度的单位为尼特（nt），1 nt=1 烛光/m^2=1 cd/m^2。

若光源射来的光线与测量面垂直，则 $\cos\theta = 1$。对于理想平面漫反射光源，若光源面积为 S，向上空发射的光通量为 Φ，则有光强 $I=\Phi/2\pi$（因为向上发射，所以只有 2π）：

$$L=I/S=\Phi/(2\pi\cdot S) \tag{4-5}$$

6. 照度

光源的照度 E（单位为勒克斯，lx；1 lx=1 lm/m^2）即光源照到某一物体表面上的光通量 Φ 与该表面面积 S 之商，可表示为

$$E=\Phi/S \tag{4-6}$$

对于点光源，若在某一方向上光强为 I，则距离 r 处的照度为

$$E=I/r^2 \tag{4-7}$$

照度与光源距离的平方成反比。

7. 半强角度

半强角度即以前所说的半值角，就是光源中心法线方向向四周张开，中心光强 I 到周围的 $I/2$ 之间的夹角，即为半强角度 $\theta/2$，如图 4-6 所示。当光源的光强均匀时，向法线偏转的周围光强是原来一半时所夹的角应当都相等。当光强不均匀时，夹角就不相等了。半强角度与视角是有区别的，视角一般比较大。LED 光源的发光角度也是一个指标。

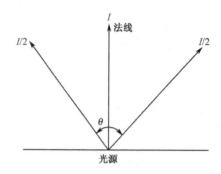

图 4-6　光源的半强度角

4.3　电光转换效率

我们讨论的电光转换效率包括：

$$光功率效率\, \eta = \frac{发出光的功率总和}{加在\, LED\, 两端的\, I_F \cdot V_F}$$

$$流明效率 = \frac{发出光的总光通量}{加在\, LED\, 两端的\, I_F \cdot V_F}$$

4.3.1　辐射过程的能量损失

电光转换效率对 LED 的产品性能有很大影响，并且在发光过程中伴随能量损失，同样影响 LED 的发光效果。在 LED 的 PN 结上加 $I_F \cdot V_F$ 电能后，可以转变成光功率辐射出来，在辐射光的过程中产生能量损失的原因有以下几种：

（1）在正向电压 V_F 下，载流子（电子-空穴）在 PN 结中复合发射出光子，会造成能量损失。

（2）由于 PN 结中有杂质、晶格缺陷等因素，每个电子渡越 PN 结与空穴复合时，并不是都能激发产生一个光子，即内量子效率不可能达到 100%。

（3）每个电子渡越 PN 结耗能一定大于发射那个光子所具有的能量。

以上几种原因使 PN 结发射出的光子总能量小于加在 PN 结上的电能（即 $I_F \cdot V_F$），减少部分的能量变成 PN 结热能而产生温升。

4.3.2　封装时的能量损失

封装 LED 时，由于 LED 芯片的折射率（一般为 2.5～3）与封装胶的折射率不同（一般为 1.4 或 1.5），而封装胶的折射率与空气折射率（一般为 1）也不同，所以不可能所有的光子都能辐射到空气中，即外量子效率也不可能达到 100%。

LED 芯片发出的光遇到其他介质的交界面时会发生光反射现象，并被 LED 芯片吸收，这部分被吸收的光子能量转化为芯片热量并产生温升。当光线入射角大于全反射角时，则光线 100% 被反射。

4.3.3　激发过程的能量损失

对于白光 LED，由于用蓝光激发黄色 YAG 荧光粉，因此其激发过程中也存在能量损失。

（1）蓝光对黄色 YAG 荧光粉并非 100% 激发，这与黄色 YAG 荧光粉的颗粒大小和均匀度有关系，减少的光子数将造成能量损失。

（2）蓝色光子的能量大于激发出黄色光子的能量，蓝色光子转换成黄色光子辐射出来，同样也造成了能量损失。

（3）温度升高，蓝光太强，非辐射现象增加，蓝光转换成黄光的效率下降。

以上所讲的 LED 的各项指标，都可以使用目前市场上可供的一些仪器进行测试（如杭州远方、浙大三色等公司都有测试这些指标的仪器）。但是，目前国内对于 LED 各个指标测试标准的确定还要进行认真的商讨，不过 LED 厂家也可与用户之间进行商定，建立起自己系统内的标准（当然要以国内标准作为依据）。

4.4　LED 的热学指标

4.4.1　热阻

在 LED 点亮后达到热量传导稳态时，芯片表面每耗散 1 W 的功率，芯片 PN 结的温度与连接的支架或铝基板的温度之间的温差称为热阻（R_{th}），单位为℃/W，其数值越低，表示芯片中的热量传导到支架或铝基板上越快，这有利于降低芯片中 PN 结的温度，从而延长 LED 的寿命。

1. 影响热阻的因素

怎样才能降低 LED 的热阻呢？热阻的大小通常与以下因素有关：

（1）与 LED 芯片本身的结构与材料有关。

（2）与 LED 芯片黏结所用材料的导热性能及黏结时的质量有关，是用导热性能很好的胶，还是用绝缘导热的胶，还是用金属直接连接。

（3）热沉是用什么材料制成的？是用导热很好的铜，还是铝，而且与铜、铝的散热面积大小也有直接的关系。

选用一定的材料与控制相关的技术细节，就可以降低 LED 的热阻，从而提高 LED 的寿命与工作效能。

2. 确定热阻大小

怎么测出热阻呢？LED 芯片 PN 结温度升高 10℃，波长会漂移 1～2 nm，或当 PN 结温度升高 10℃时，光强会下降 1%，按照这种规律可测出 PN 结温度上升了多少度。

中国电子科技集团第十三研究所制造的 NC2992 型半导体器件可靠性分析仪，可用于测试热阻。这种仪器的工作原理是，利用半导体器件在恒定电流下 LED 的正向电压与温度具有很好的线性关系（测试布线图参见图 4-7）。输入电压随温度的变化关系可近似为

$$V_{T_j} = V_{T_o} + K(T_j - T_o) \tag{4-8}$$

式中，V_{T_j}、V_{T_o} 分别是 T_j 和 T_o 时的输入电压；K 是热敏温度系数，它与芯片衬底材料、芯片结构、封装结构、发光波长等都有关系。热阻是沿热流通道上的温度差与通道上耗散的功率之比，对于 LED 来说，热阻一般是指从 LED 芯片 PN 结到热沉上的热阻，热阻计算公式可表示为

$$R_{th} = (T_j - T_x)/P \tag{4-9}$$

式中，T_j 为施加大小为 P 的加热功率脉冲后测得的 LED 结温；T_x 为热沉铝基板上的温度。

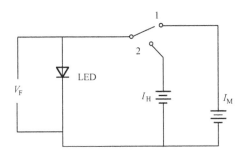

LED—被测器件；　I_H—电流源；　I_M—电流源；　V_F—测试系统电压

图 4-7　正向电压法二极管热阻测试示意图

根据图 4-7，对被测 LED 施加一定的加热功率脉冲（恒流 I_H），被测 LED 的 PN 结发热。比较恒流脉冲施加前后，在恒流 I_M 偏置下所测的电压变化量。在测试前被测 LED 结温与热沉温度相同的前提下，由温度检测装置测得热沉温度，从而得到被测 LED 的初始结温。

由于在正向电流 I_M 下，PN 结温升与其正向电压变化成线性关系，因此相关系数 K 为器件的热敏温度系数（mV/℃）。通过此热敏温度系数，在恒定的偏置电流 I_M 下，可将功率恒流脉冲施加前后的结电压变化量 ΔVF 换算为相应的结温变化量。可将式（4-8）和式（4-9）改写为式（4-10）：

$$R_{th} = \Delta V_F / K \cdot P \tag{4-10}$$

如图 4-7 所示，首先转换开关置于"1"，则被测 LED 注入恒定电流 I_M，测得其正向电压 V_{F1}。然后开关切换到"2"，给被测 LED 注入恒定电流 I_H，使其结温升高。在一定时间之后，开关再次切换至"1"，在 I_M 下测得 LED 的正向电压 V_{F2}。最后就可以计算出热阻。

4.4.2　LED 的储存环境温度与工作温度

通常情况下，LED 的储存环境温度应在 -40～+100℃，所以在封装 LED 时，有时为了使封装胶快干或荧光粉快干，在温度 150℃保存 1～2 小时。这对 LED 是否有影响，可以继续进行实验来证明。根据作者做过的实验，上述方式会对 LED 产生一定的影响。

一般情况下，LED 的工作温度是-30～+80℃，但工作温度与热阻有关系。总而言之，LED 在工作时，最好将它的 PN 结温度保持在 100℃以下。

4.4.3　其他相关指标

1. 防静电（ESD）指标

做好的 LED 器件需要注意防静电。无论是在运输状态，还是在装配过程中，都可能出现静电带来的损坏，要特别注意防静电。一般 LED 做好后，双极开路防静电指标应在 500 V 之内。如何防静电，请看本书有关防静电的论述。

2. 失效率

失效率λ是指一批 LED 器件在点亮后多长时间、有多少个出现"死灯"现象，这是衡量这批 LED 器件质量的关键指标。若工作 10 小时内无"死灯"现象出现，说明失效率较好，即失效率为 0。

3. 寿命

LED 器件在正常工作条件下，半光衰时间越长，说明 LED 的寿命越长，理论计算可达 10 万小时以上，但目前由于材料、制造技术等方面原因，市场上的 LED 器件寿命只能达到 2～3 万小时。随着技术的不断进步，LED 器件的寿命会越来越长。但是如何快速测定半光衰时间，还有待于制造出通用的仪器。

目前有报道，只要测定 LED 器件点亮时波长的漂移和与器件连接的热沉的温度，就可计算出 LED 器件的寿命，这还有待于实验的证实。但是，LED 器件的寿命与使用时系统的散热条件、出光效率有直接关系。即使 LED 器件的寿命很长，如果用于灯具系统，但这个灯具设计的散热系统和出光系统不是很理想，LED 器件的寿命也不会长。

4. 其他指标

LED 是靠环氧树脂等胶封装起来的。由于时间和化学作用，会使封装胶的透光性变差。有时会使透明胶体变黄变浊，影响透光；有的会使胶玻化而破碎。这些都会使 LED 器件的性能发生变化，达不到原来的技术指标，从而影响其出光效率和使用寿命。

4.5　本章小结

　　LED 行业是最近十几年新发展起来的产业，LED 是一种新的产品、新的器件。随着科学的发展，LED 的新品种会不断地涌现，所以 LED 的测量技术、测量仪器及技术指标还会不断地更新变换，从而使产品更精确，更符合视觉要求。

　　就目前来说，测量 LED 的技术指标有 30 多项，实际在使用时要根据不同的用途来选择相关的指标。例如，汽车上用的 LED 要根据用途不同来选择。作为刹车灯的 LED 光源，一定要考虑到它的反应时间（用 LED 做刹车灯比普通灯泡刹车灯突出的好处就是反应时间快，一般比钨丝灯泡快 0.7 s），而作为照明用的车内阅读灯对反应时间就不一定有很多要求。另外，应该特别注意汽车上使用的 LED 光源，其电压变化比较大 LED 光源一定要能正常工作，并使 LED 发出的光都能达到汽车灯的要求，所以 LED 光源测试的技术指标要根据使用情况来选择，不一定强求所有指标都符合要求。

　　对于 LED 技术指标，一定要在特定的条件下进行测量。如果条件不一样，测量的结果一定是不一样的。因为 LED 光源是半导体器件，它对温度高低、电压、电流大小都十分敏感。即使电压只相差 0.1～0.2 V，但是电流差别就可能达到几十毫安。

第 5 章

与 LED 应用有关的技术问题

LED 是近几年发展起来的发光器件，大家对 LED 如何使用还在逐步认识之中。LED 绝不是简单地接一个直流电压就可以点亮，要正确使用 LED 就必须详细地了解以下几个问题：

- LED 的驱动问题，简单地看 LED 只要接合适的直流电压即可发亮，但多个 LED 使用就涉及串联、并联的问题，这就不再是简单接上直流电的问题了；
- LED 的散热问题；
- LED 的光学设计问题。

只有对 LED 的使用安全、防静电损伤等有详细了解，才能正确、安全和有效地使用好 LED，以下就有关问题分别进行讨论。

5.1 LED 的驱动方式

LED 的驱动方式一般使用恒定电流源和恒定电压源进行驱动。

5.1.1 LED 的恒定电流源驱动

LED 的亮度强弱是由电流流过 LED 芯片的大小来决定的。一般小功率的 LED 工作电流都是 20 mA，要根据 LED 的伏安特性来确定。当输入电流为 15～20 mA 时，对 LED 的亮度影响不明显。一般情况下，在选择恒定电流驱动时，不一定要选择最大的 20 mA；选择 17～18 mA 的驱动，将会有效延长 LED 的寿命。

如图 5-1 所示，V_R 供应 20 mA 的恒定电流，流经三个串联的 LED，即 D_1、D_2、D_3。因为恒定电流可能会在 20 mA 的范围内波动，如果设置在 20 mA，波动时就可能会大于 20 mA，这对 LED 的工作效率和寿命都有影响。所以设置在 17～18 mA 时，不会对亮度产生影响，而且对提高 LED 的工作效率与寿命很有好处。

如图 5-2 所示，V_R 供应恒定电流 60 mA，但通过 D_1、D_2、D_3 的电流都不是恒定电流，要根据三只 LED 的正向电压和伏安特性来判断具体的电流大小。如果经过挑选测试，三只 LED 的伏安特性一样，那么有可能保证每只 LED 的通过电流都是 20 mA。但如果伏安特性不一样，就可能在工作一段时间后，流经各 LED 的电流差异越来越大，最终导致 LED 连续损坏。所以在采用恒定电流驱动的时候，多个 LED 串联排列有利于使用。

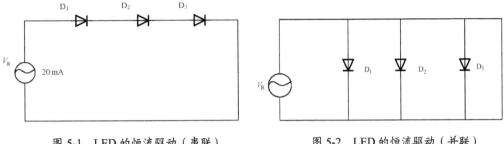

图 5-1　LED 的恒流驱动（串联）　　　　图 5-2　LED 的恒流驱动（并联）

5.1.2　LED 的恒定电压源驱动

LED 的恒定电压源串联驱动如图 5-3 所示。

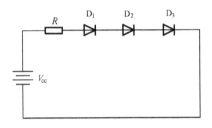

图 5-3　LED 的恒定电压源串联驱动

选用恒定电压源驱动时，V_{cc} 是一个恒定值，但是当 D_1、D_2、D_3 通电工作时，刚开始 D_1、D_2、D_3 的正向电压均会下降，每只下降 0.2～0.3 V。如果不串联一个电阻，三个 LED 电压将下降 0.9 V，这会使流过 LED 的电流增大，超出 20 mA。这时 LED 的 PN 结发热，温度升高，会使发光效率和使用寿命受影响。在串联一个电阻 R 之后，电流变大，电阻 R 两端的压降也会增大，可以控制电流不会增大过多，以确保不会因为电流无限增大而使 LED 温度升高并损坏。这个保护电阻的大小由式（5-1）决定：

$$R= (V_{cc}-3.0\times3)/I = (V_{cc}-9)/20 \qquad (5-1)$$

如图 5-4 所示，V_{cc} 是恒定电压源，三只 LED（D_1、D_2、D_3）分别与 V_{cc} 并联。根据三只 LED 的伏安特性，选定 R_1、R_2、R_3，这三个电阻的阻值由式（5-2）求出：

$$R_1=(V_{cc}-V_{D1})/I_{D1} \qquad (5-2)$$

式中，V_{D1} 为 D_1 的正向电压；I_{D1} 为 D_1 的正向电流。如果正向电流选定为 20 mA，正向电压为 3 V，那么 $I_{D1}=20$ mA，R_1 就可以求出，其他的电阻 R_2 和 R_3 也可以根据这个公式求得。

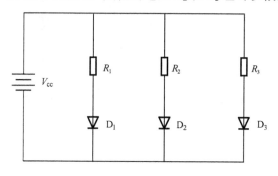

图 5-4　LED 的恒定电压源并联驱动

5.1.3　综合控制驱动

无论是恒定电流还是恒定电压，按照上述方式来设计都会比较安全。LED 的亮度还可以通过调整脉冲电流的占空比和脉冲幅度来实现，但要注意使直流的脉冲频率足够高（几百 kHz），这样使人眼看起来 LED 一直点亮、无闪烁。

LED 点亮时将调整占空比或脉冲幅度，颜色、亮度不会发生大的变化，对降低 LED 的 PN 结温度有好处，可以改善 LED 的光衰并延长寿命。使用市电驱动时，必须把市电的交流电变换为直流电，如图 5-5 所示，一般市场上购买的开关电源就可以实现上述的要求。

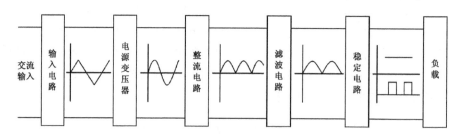

图 5-5　开关电源

如果想让白光 LED 发出理想亮度和颜色的光，必须采用恒定电流供电。首先要保证电路中的电流无论在什么情况下都要恒定，这是保证正确安全使用 LED 的关键。如果将 LED 直接接到非恒流源电路中，通常开始时正向电压会降低，正向电流会增大，这时应当将电流控制在

LED 的工作电流范围内，否则会烧坏 LED。

　　常用的几种电路如图 5-6 和图 5-7 所示，图 5-6 所示的电路电流可以在 5～40 mA 的范围内调整，并且还具有关断模式。

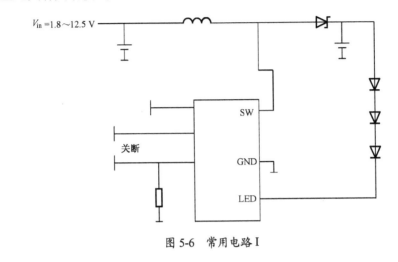

图 5-6　常用电路 I

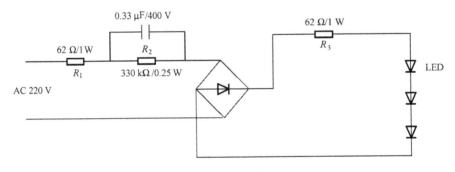

图 5-7　常用电路 II

　　图 5-8 为美国 TI（德州仪器）公司提供的 IC TPS61040 开关驱动电路，其最大输出电压可达 28 V，并且可以通过脉宽调制（Pulse Width Modulation，PWM）信号对 LED 的亮度进行控制，电流不会超过 20 mA。该电路为市电 220 V 用电阻、电容直接降低电压来点亮发光二极管。这种电路适合小电流，但直流的电压较高。特别注意从 220 V 交流直接整流接入 LED 时，如果接入几十只，电压会很高，有安全隐患，在要求防爆的场所不宜使用此电路。

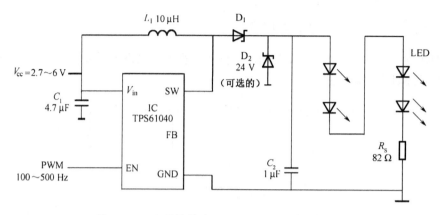

图 5-8　TI 公司提供的 IC TPS61040 开关驱动电路

对于普通市电电源的情况，小功率 LED 光源可以采用电容降压来实现恒流驱动；对于大电流情况，可以采用开关电源恒流驱动电路，这样 LED 就会比较安全。

5.2　LED 的太阳能驱动

LED 点亮是靠直流电驱动的，而太阳能电池板输出的正是直流电，十分合适驱动 LED，但是，太阳能电池板的输出电压和电流是随着太阳光线的强弱发生变化，所以产生的电压电流会有波动。因此在用太阳能驱动 LED 时，必须让太阳能产生的电对蓄电池进行充电，然后通过蓄电池来驱动 LED，如图 5-9 所示。

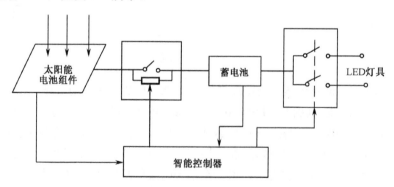

图 5-9　太阳能电池组件用于照明系统

补充资料

　　这里要说明是，蓄电池输出的电压、电流是有波动的，所以接到蓄电池上的 LED 也要能适应蓄电池电压高低变化的要求。例如，常见的 12 V 酸铅蓄电池，当充满电时电压可能会高达 13.8 V 或 14 V；而电压较低时只有 10 V。如果在输入 LED 之前不进行控制，那么在高电压时可能会烧坏 LED，而在低电压时 LED 可能不亮或很暗。所以，在 LED 之前要加入一个控制电路，这样无论电压怎样变化（10～14 V），控制输入 LED 的电压保持 12 V。这样对 LED 就相当于定压供电。现在已有现成的模块 LED，本身就可以控制电压。

　　如今，LED 可以用做路灯，而点亮路灯的就是太阳能。如果担心太阳光线不足，还可以借助风力发电机作为补充。利用太阳能和风力发电共同对蓄电池充电，可以保证蓄电池一直都有电，能充足供给 LED 使用。

5.2.1　太阳能电池

　　太阳能电池可以用单晶硅、多晶硅、非晶硅等三种不同的材料做成，为了形成太阳能电池的组件，必须将切割加工成一定规格大小的单晶硅、多晶硅或非晶硅片排列成一定的形状。在焊接后用玻璃或塑料进行封装，组成电池组件，并保证使用方便和安全。

　　太阳能电池组件封装一般分为玻璃封装与塑料封装两种。玻璃封装的原材料如光学玻璃价格比较昂贵，塑料封装的太阳能电池组件的重量较轻且价廉物美，上述三种材料做成的太阳能电池组件，其光电转换效率为 13%～14%（是指单晶硅），多晶太阳能电池组件是 12%～13%，非晶太阳能电池组件则为 5.6%。国外生产的太阳能电池的光电转换效率会比较高，可达 20% 左右，这几年我国生产的太阳能电池组件的效率也有了明显的提高。

5.2.2　太阳能电池供电

　　太阳能电池组件必须与蓄电池智能控制器和负载 LED 联合组成一个系统使用，蓄电池的选用要与太阳能电池组件相匹配，蓄电池要选用免维护的，即不用经常添加电解液。

　　智能控制器包含太阳能电池组件对蓄电池充电的控制以及对 LED 供电的控制。LED 的供电最好采用恒流供电，不论蓄电池的电压高低，都要保证对 LED 的供电是恒定电流。当蓄电池放电到限定值时不能再放，否则将损坏蓄电池。智能控制器还要控制 LED 的点亮时间，几点开始点亮，几点 LED 处于半光强状态，几点关闭 LED，等等。

太阳能电池组件的安装一定要选择对着太阳光的方向，尽量减少灰尘污染。太阳能电池组件放置时间较长后，其表面会沾满灰尘，太阳射进电池组件的透光率会降低，继而影响太阳能电池组件的光电转换效率。也有人将太阳能电池组件设计成随着太阳转动，一直保持面向太阳，这样可以提高 15%～20% 的光电转换效率。太阳能电池组件的光照输出特性曲线如图 5-10 所示。

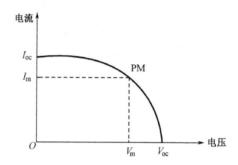

图 5-10　太阳能电池组件的光照输出特性（I-V）曲线

在图 5-10 中，V_{oc} 为太阳能电池组件的开路电压，I_{oc} 短路电流。使用时应使太阳能电池组件工作在最佳工作点 PM，即选择电压 V_m 和电流 I_m，可使其输出最大。

太阳能供电系统是特殊供电方式，它作为独立电源，不需要铺设任何输电线路。但是，对于这种系统应尽可能缩短供电的线路，这样可以节约能源。太阳能供电系统无噪声、无污染，可保护环境，并且一次投资，一劳永逸。

5.3　LED 的散热技术

5.3.1　LED 的散热问题

大家可能会认为 LED 发出的是"冷"光源，怎么会有热量需要散出呢？我们说 LED 是冷光源，是指它的光谱中不会像白炽灯那样有大量的红外辐射，但是 LED 在发光时，它的 PN 结会产生一定的热量，这些热量要通过对流和传导散射出去，从而降低 PN 结的温度，这样对 LED 光衰和使用寿命都很有好处，可同时提高光输出并延长使用寿命。根据实验发现，LED

的光输出与 PN 结温度的关系如图 5-11 所示。

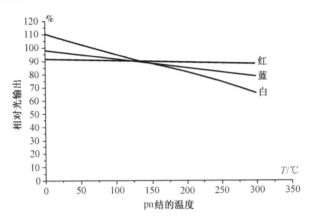

图 5-11　LED 的光输出与 PN 结温度的关系

红光、黄光的 PN 结温度对光的输出影响较小，但是当 PN 结的温度超过 120℃时，光输出会直线下降。蓝光、绿光、白光的 PN 结温度对光输出影响非常大。当 PN 结超过 120℃时，光输出会急速下降，同时会损坏二极管的一些特性，并且是不可恢复的，所以在使用 LED 时，一定要考虑散热问题。

5.3.2　LED 的散热技术

怎样才能更好地散热呢？首先，LED 的热阻越低越好，低热阻对导出 PN 结的温度是十分关键的。其次，在 LED 的热沉上，还要加装一定面积的散热片，散热片要选择导热性能好的金属板来做。根据经验，1 W 的 LED 应加装的铝板散热片面积大约是 24 cm^2。散热片的形状和朝向与散热效果的关系如表 5-1 所示。

表 5-1　散热片的形状和朝向与散热效果的关系[12]

散热器形状和传热方向	热传递系数	散热器、散热片的朝向	相对散热效果
	$H=1.49(\Delta T/H)^{0.25}$		1

续表

散热器形状和传热方向	热传递系数	散热器、散热片的朝向	相对散热效果
	$H=1.37(\Delta T/H)^{0.25}$		0.8
	$H=0.68(\Delta T/H)^{0.25}$		0.4

　　散热片与大功率 LED 连接时，应当选择一种较好的导热胶，在 LED 功率器件与散热片的连接面上，先涂一层导热胶，然后设法把散热片与大功率 LED 固定好。安装时要尽量考虑让它能接触到流动的空气，这样可以比较快地把热量带走。通常，LED 热沉上的温度不应高于 60℃。

　　散热片要选择导热好的材料，这对散热很有好处。一般散热片的着色为黑色，当温度在 200℃以上时，黑色有辐射的作用，可以加快散热。但 LED 的温度一般不会高于 200℃，所以不一定要选择黑色。表 5-2 给出了常用材料的热导率。

表 5-2　常用材料的热导率

序　号	材　质	热导系数/（W/(m·K)）
1	碳钢（C=0.5~1.5）	39.2~36.7
2	镍钢（Ni=1%~50%）	45.5~19.6
3	黄铜（70Lu-30In）	109
4	铜合金（60Cu-40Ni）	22.2
5	铝合金（87Al-13Si）	162
6	铝青铜（90Lu-10Al）	56
7	镁	156
8	钼	138
9	铂	71.4

续表

序　号	材　质	热导系数/（W/(m·K)）
10	银	42.7
11	锡	67
12	锌	121
13	纯铜	398
14	黄金	315
15	纯铁	81.1
16	纯铝	236
17	玻璃	0.65～0.71

5.4　LED 的二次光学设计

　　LED 芯片在封装成 ϕ 5 mm、ϕ 3 mm 或大功率器件时，要对其进行一次光学设计，这种设计主要考虑怎样把 LED 芯片中发出的光能尽量多地取出；而二次光学设计则主要考虑怎样把 LED 器件发出的光集中到希望的灯具上，从而让整个灯具系统发出的光满足设计需要。

　　特别是大功率 LED 照明的光源，在其成为照明产品前，一般要进行两次光学设计：一次光学设计是把 LED 的 IC 封装成 LED 点光源，以解决 LED 出光角度、光强、光通量的大小，光强分布，色温的范围与分布；二次光学设计是将经过一次透镜后的光通过一个光学透镜改变它的光学性能（二次光学设计是针对大功率 LED 照明而言的，一般大功率 LED 都有一次透镜，发光角度为 120°左右）。一次光学设计是二次光学设计的基础，只有一次光学设计封装合理，保证每个 LED 发光都有好的出光品质，才能在一次光学设计的基础上进行二次光学设计，以保证整个发光系统的发光品质。简单地说，一次光学设计的目的是尽可能多地取出 LED 芯片中发出的光，二次光学设计的目的是让整个灯具系统发出的光能满足设计要求。

5.4.1　LED 光学设计的基本光学元件

　　LED 光学设计的基本光学元件主要有透镜、非球面反射镜和折光板等。

1. 透镜

图 5-12 给出了两种透镜的光路图。

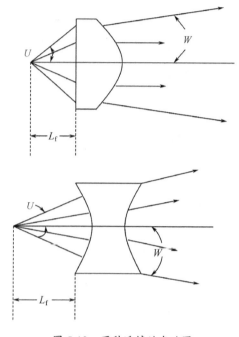

图 5-12　两种透镜的光路图

以上两种透镜的作用是使点光源发出的光线汇集或发散，改变出光角度的大小，从而改变照明面积和照度的作用。在实际使用中，通过改变光源到镜头的距离 L_f 来控制光束发散角 W。L_f 减小则 W 增大，反之则 W 减小。透镜采用什么样的形状，要根据实际需要来决定。

2. 非球面反射镜

非球面反射形状通常为旋转二次曲面，下面讨论抛物面、椭球面和双曲面。

（1）**抛物面：**抛物反射面把位于焦点 F 处的光源发出的光线变为平行光，参见图 5-13。

（2）**椭球面：**椭球反射面把位于第一焦点 F_1 处的光源汇聚到另一焦点 F_2 处，从而起到汇聚光线的作用，如图 5-14 所示。

（3）**双曲面：**双曲反射面是把焦点 F_2 处的光源成像在虚焦点 F_1 处，相当于光线由 F_1 发出，实际起到改变光源发散角的作用，如图 5-15 所示。

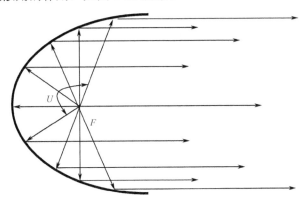

图 5-13 抛物反射面的光路图

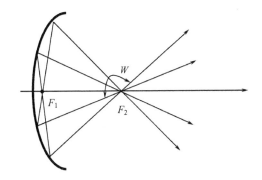

图 5-14 椭球反射面的光路图

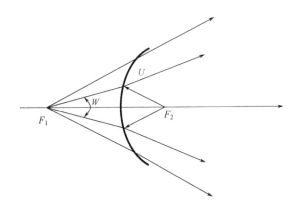

图 5-15 双曲反射面的光路图

非球面反射镜与透镜在原理上是不同的，透镜利用折射原理，反射镜则采用反射或全反射原理。尽管表面上都能改变光源的光束角，但所包容的孔径角（U）的差别很大。由于材料的折射率有限，透镜的孔径角较小，通常在40°以下，而非球面反射镜的孔径角可达130°以上。孔径角的大小表示反射器收集光线的能力，也就是说非球面反射镜的集光能力强，透镜则较弱。如果光源的光束角较小，则适合使用透镜。

3. 折光板

折光板的作用是改变光线的方向或在特定的方向上改变光束的角度，下面分别讲解齿形折光板、梯形折光板和柱形或球形折光板。

（1）**齿形折光板**：如图 5-16 所示，齿形折光板的某一齿相当于楔形镜，由于材料表面的折射作用使光线发生偏转，但对光束角影响不大。齿形折光板主要用来改变光束方向，作为偏转镜使用。

（2）**梯形折光板**：如图 5-17 所示，梯形折光板相当于平板玻璃和楔形镜的组合体。平板玻璃不改变光线方向，楔形镜使光线偏折；梯形折光板使一束光分成三个方向，三组光束的光强比可由平面和斜面的面积比来控制。

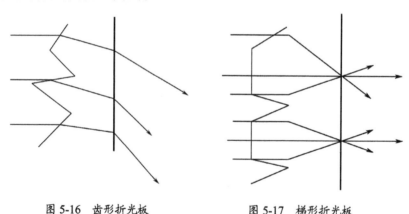

图 5-16　齿形折光板　　　　图 5-17　梯形折光板

（3）**柱形或球形折光板**：图 5-18 所示，柱形折光板由一系列圆柱面组成，每个柱面相当于一个透镜。在柱面的法线方向上，保持光线的原方向。球形折光板也称为复眼透镜，是由多个透镜组合而成的，其中每个透镜在各个方向都有汇聚或发散光线的作用。

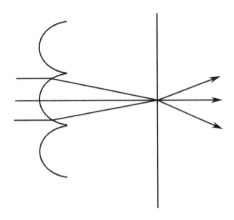

图 5-18　柱形或球形折光板

5.4.2　LED 系统的光学设计

目前，LED 系统的光学设计主要分为散射和聚光及两者混合三种方式。

1. 散射型

LED 大多为聚光型照明，若要大面积照明或显示，必须通过增加散射板来实现。

散射板的原理与梯形折光板或柱形折光板相同，主要在一个方向扩展光束角，同时使照明均匀。在用做信号灯时，可以使发光面显示均匀。图 5-19（b）也是一个方向扩展光束角，但其光强分布与图 5-19（a）不一样。

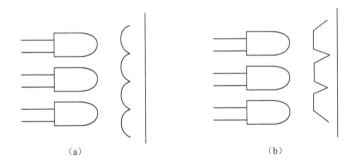

（a）　　　　　　　　　　　　　　　　（b）

图 5-19　LED 的散射型系统光学设计

2. 聚光型

对于有些使用要求，由于 LED 单管封装时聚光能力有限，因此，需外加透镜或透镜阵列进一步聚光，从而达到提高光强的目的，如图 5-20 所示。现在有些汽车的雾灯采用这种方法（附加散射板）。使用窄光速 LED 在一定程度上可提高光强，但集光效率有所降低，并且聚光光斑均匀性较差。采用聚光透镜比单纯使用窄光 LED 的效果要好一些。

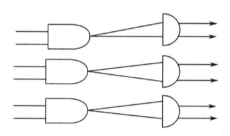

图 5-20 LED 的聚光型系统光学设计

现在的光学设计软件非常好，应该将什么样的光源设计成什么样的灯具，每个位置的照度是多少，这些信息在计算机屏幕上非常直观。本节只介绍一些基本知识，真正的光学设计者应当学会使用计算机设计软件。

总之，对灯具的设计应采取下列几点方式综合考虑来达到灯具设计的要求：

（1）模块化。为了达到灯具亮度照明的要求，必须采用多个 LED 灯（或模块）的相互连接以实现良好的流明输出叠加。通过模块化技术，可以将多个点光源式 LED 模块按照随意形状进行组合，满足不同领域的照明要求。

（2）系统效率最大化。为了提高 LED 灯具的出光效率，除了需要合适的 LED 电源外还必须采用高效的散热结构和工艺，以及优化内、外光学设计，使出光的效率达到最佳，提高整个系统效率。

（3）低成本。LED 灯具要求走向市场，必须在成本上具备竞争优势（主要指初期安装成本）。虽然 LED 灯具可以节省用电、从节省电费中减少开支，但人们还是要考虑初期安装成本，而封装 LED 芯片时占用了大部分的成本，整个 LED 灯具的价格取决于 LED 灯光源的价格。因此，采用新型封装结构和技术，是提高光效成本比的重要环节，也是实现 LED 灯具商品化的关键。

（4）由于 LED 光源寿命长，维护成本低，因此对于 LED 灯具可行性提出了较高的要求。例如，要求 LED 灯具设计易于改进，以适应未来效率更高的 LED 芯片光源要求；并且要求不同 LED 芯片光源的互换性要好，以便于灯具厂商自己选择用何种芯片的光源。

5.5　LED 的防静电控制

5.5.1　静电的概念

静电（Electrostatic，ES）是由于电荷和电场的存在而产生的一种现象。静电并非静止不动的电，而是缓慢移动的电荷，其磁效应可以忽略。静电与常用电从性质上是一样的，本质都是电荷。

静电有以下几种现象。

- **静电力学现象**：静电引力，像静电吸尘、静电植绒、静电复印机等；静电排斥力，如纸张布卷绕不齐、不规则，整形不佳，混合不良。
- **静电感应现象**：如静电噪声，机器损耗，继电器与电子元件误动作，自控失灵，电路不良，必须加以静电屏蔽。常见的油轮、油罐汽车上会带有一根铁链连接地面，就是用于静电放电。
- **静电放电现象**：如静电噪声、放电噼啪声，雷鸣电闪，天空乌云与地面正负电荷放电，等等，可以导致电子元件 PN 结击穿、自动开关误动作等。

5.5.2　静电的产生

物质的基本组成是分子、原子，尽管原子的种类不同，但是它总含有带正电的原子核与外壳层带负电的电子，正常情况下正负电荷总量相等，呈现电中性。当物体处在不同的外界环境下或受到外来因素的作用时（如加热、光照、冲击、摩擦和电磁场），外壳层电子状态、电荷电量、电子运动轨道、所处能级将发生改变，从而引起相应的放电现象。

任何物体上的静电，主要都是由于摩擦或感应两个过程产生的，这是一种普通的物理过程，尤其是在干燥环境下的气体或者高纯水高速流动过物体表面，都会使之带上电荷。一般情况下，无机材料（如石棉、玻璃和云母等）更易带正电荷，有机高分子材料（如聚四氟乙烯、聚乙烯、聚丙烯树脂、聚亚胺酯等）易带负电荷。表 5-3 汇总了物体摩擦带电情况。

表 5-3　物体摩擦带电情况

电荷性质	← 带正电荷														带负电荷 →		
不同材质	空气	石棉	云母	人发	羊毛	铅	丝绸	铝	纸张	棉花	木材	硬橡胶	醋酸纤维	聚亚胺酯	聚丙烯树脂	聚乙烯	聚四氟乙烯

总而言之，静电的产生不仅取决于材质内部的分子、原子结构，而且在相当程度上还与外界因素有关。当人在室内走动（尤其是穿塑料鞋在地板上滑行），拖动、搬动物体，翻书，使用电风扇、空调，撕开胶带，手或袖子在桌面上移动时，这一系列运动摩擦都可以引起静电放电效应。表 5-4 总结了人在室内做出动作时所带的静电。

表 5-4　人在室内做出动作时所带的静电

静电来源	相对湿度 10%～25%RH 的静电电位	相对湿度 65%～90%RH 的静电电位
行走在地毯上	35 000 V	15 000 V
行走在胶地板上	12 000 V	250 V
在工作台上操作	6 000 V	100 V
捡起塑料胶袋	20 000 V	1 200 V
推动发泡胶椅子	18 000 V	1 500 V

从物质结构上来看，静电易发生在非导体表面，这是因为非导体（如介质材料、绝缘体及高阻半导体这些材料）在外因作用下，容易产生极化电荷或感应电荷。这部分电荷不像导体上的电子一样可以自由运动，它是在正负电荷相互吸引状态下存在的，难以在物体表面移动。当表面有一定电荷积累就会产生表面电势，表面电荷只有通过空气中的离子中和或靠物体表面漏电流而慢慢消失。只要物体所处环境潮湿或表面有一定的湿度，就可以增强表层的电导率，这样才能使表面静电较快地消失。

5.5.3　带电电位与体电阻率

实验发现，绝缘介质、液体起电现象的带电电位与体电阻率的关系如图 5-21 所示。

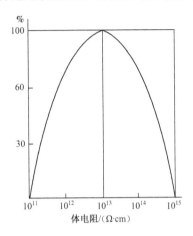

图 5-21　带电电位与体电阻率的关系

体电阻处于 $10^{11}\sim10^{14}$ $\Omega\cdot cm$ 的绝缘体最易摩擦起电，体电阻 $<10^{10}$ $\Omega\cdot cm$ 的材料含杂质多，导电性较好，产生的静电可以很快消失。工作人员穿橡胶鞋、聚乙烯拖鞋、合成纤维袜子在车间内走动，或在聚氨酯地面、塑料工作面上操作，可以使人体带上 2 000～3 000 V 的静电。

半导体电阻率界于导体和绝缘体之间，受到外因诱发易产生感应电荷，表 5-5 中是几种半导体常用做 LED 的衬底材料，其中还列出了其抗静电的能力。

表 5-5　硅、碳化硅、蓝宝石的物理特性

半　导　体	制成器件	电阻率/（$\Omega\cdot cm$）	导热系数 /（W/(m·k)）	散热性	抗静电电压 N
硅（Si）	二极管、 三极管的衬底	$10^{-2}\sim10^{2}$（掺杂）<109（不掺杂）	150	较好	600
碳化硅（SiC）	红色 LED 的衬底	$10^{5}\sim10^{6}$ （不掺杂）	490	好	1 000
蓝宝石（Al₂O₃）	蓝光、白光 LED 的衬底	$>10^{6}$	49	较差	500

5.5.4 生产环境

为了尽量降低静电效应给器件带来的破坏和影响，对生产 LED 的洁净车间、整机装配调试车间、精密电子仪器生产车间都有以下严格的环境要求。

- 地面、墙壁、工作台带静电情况：光刻车间塑料板地面的静电电位为 500～1 000 V，扩散、洗手间的塑料墙纸为 500～1 500 V，清洗间的瓷质地面为 0～1 500 V，扩散间的塑料墙地面为 700 V，塑料顶棚为 0～1 000 V。
- 工作台面为 500～2 000 V，最高可达 5 kV。
- 风口、扩散间铝孔板的送风口为 500～700 V。
- 人和服装可为 30 kV，非接地操作人员一般可带 3～5 kV，高时可达 10 kV。
- 喷射清洗液的高压纯水为 2 kV，聚四氟乙烯支架有 8～12 kV，芯片托盘为 6 kV，硅片间的隔纸可达 2 kV。

5.5.5 器件失效的原因

以 PN 结结构为主的半导体器件在制造、筛选、测试、包装、储运及安装使用等环节，难免不受静电感应影响而产生感应电荷。若得不到及时释放，在 PN 结上形成的较高电位差加在 PN 结两端，会使之瞬间放电击穿 PN 结，特别是在干燥季节、洁净环境下尤为突出。

PN 结是 LED 的基本结构，但由于材料不一样，所以抗静电的能力也不同。红色、橙色、黄色 LED 所用的材料主要是 GaP 与 GaAs 及其混晶 GaAsP。这些化合物半导体禁带宽度在 1.8～2.2 eV 之间，PN 结易掺杂低阻性材料，其导电性能较好，在器件制造中产生的静电能较快释放，故抗静电能力会好一些。

而绿色、蓝色、白色 LED 的 PN 结所用材料是 InGaN 或者 AlGaNlGaN，其禁带宽度为 3.3 eV，比一般红色、橙色、黄色 LED 材料大 50% 左右，电阻率相对较高，再加上这一类 LED 的衬底是用高阻值的蓝宝石（Al_2O_3）或碳化硅（SiC）制成的，其导电性和导热性都很差，因此制程工艺中产生的静电感应特别严重。如 Al_2O_3 衬底的蓝光 LED 的 PN 结电极是 V 型电极（在同一面），电极之间的距离小于 300 μm，一旦积累感应电荷，很容易在该处发生自激放电。又由于 AlGaNlGaN 的发光激活层较薄，因此静电放电中该层更容易被击穿。

操作者或 LED 本身也有静电感应，虽然电荷不多，但是经一段时间的积累，特别是在干燥环境下，人手触摸引脚或 LED 与工作机台、桌面接触，即会引起瞬间放电。以 SiC 为衬底的 InGaN 材料，基本上是 L 型电极垂直结构的 LED，其静电电压高达 1 000 V；而一般以 Al_2O_3 为衬底的 LED 器件通常是 V 型电极，其抗静电电位仅为 500 V。但是做好的 LED 的正向电压只有 3～4 V，反向电压只有 15～20 V，所以要小心保护。

5.5.6　防静电措施

静电击穿器件使其失效是在不知不觉中发生的，被静电损坏的 LED 不能用筛选方法排除，所以只有做好预防措施，建立一套防静电（ESD）生产工艺和测试流程规范。这对提高 LED 产品质量及成品率是十分关键的，主要的措施包括：

● 各环节要尽量减少接触这类 LED 器件的人数，限制人员不必要的走动，搬推椅子；
● 使用电导率好的包装袋包装 LED；
● 戴上手套接触 LED 器件（但不能戴尼龙和橡皮手套）；
● 取出备用的 LED 器件后不要堆叠在一起，器件尽量不要互相接触；
● 从包装袋中取出而暂时不用的器件，应用防静电袋包起来；
● 必须用手接触 LED 的器件时，应接触管壳而避免接触 LED 器件的引出端。要接触 LED 器件前，应将手或身体接“地”一下，把静电释放干净；
● 电烙铁要求永久接地；
● 工作环境的相对湿度应保持在 50%左右，不穿容易产生静电的工作服；
● 车间地面应采用含碳塑料、含碳橡胶或导电乙烯做成，电阻率 $\eta<10^5$ Ω·cm 或用静电耗散性材料，电阻率应在 10^5～10^9 Ω·cm 之间；
● 椅子和工作台上应附加一层静电耗散材料，椅子的电阻率应在 10^5～10^8 Ω·cm 之间；
● 工作服、棉制工作服有一定的导电性，最好使用防静电服；
● 工作鞋要用静电耗散型材料做成，电阻率在 10^5～10^8 Ω·cm 之间，也要有防静电鞋；
● 带上防静电手镯实际上是手镯与手接触，再把手镯接“地”，这样手与地就成为同电位，可将人身上的静电释放；
● 在工作区域使用离子风扇以防止静电积累，因为离子风扇送出的负离子能与静电中和，不会使静电积累成很高电压；
● 车间里所用的设备都要有良好的接地，接地电阻不能大于 10 Ω；
● 车间入口处一定要有接地金属球，人进入时先摸金属球，以释放身上的静电。

补充资料

防静电工作要引起我国电子行业的重视，特别是 LED 制造厂家、封装 LED 厂家和使用 LED 的单位。下面列出我国有关防静电方面的标准，供有关的科技人员参考。

（1）人体防静电系统

GB 12014—1989　防静电工作服

GB 4385—1984　防静电胶底鞋、导电胶底鞋安全技术条件

GB 4386—1984　防静电胶底鞋电阻测试方法

GB 12624—1990　劳动保护手套通用技术条件

GB/T 12703—1991　纺织品静电测试方法

GB/T 12059—1989　电子工业合成纤维防静电网性能及测试方法

FJ 549—1985　纺织材料静电电压、半衰期测定法

FJ 550—1985　纺织材料生产动态静电的测试

FJ 551—1985　纤维泄漏电阻测试方法

（2）环境装饰系统工程和生产线操作系统标准

GJB 3007—1997　防静电工作区技术要求

GJB/Z 25—1991　电子设备和设施的接地

SJ/T 11159—1998　地板覆盖层和装配地板防静电性能的试验方法

SJ/T 10796—2001　防静电活动地板通用规范

SJ/T 11236—2001　防静电贴面板通用规范

SJ/T 11159—1998　防静电地面施工及验收规范

DGJ 08-83—2000　防静电工程技术规程（上海市工程建设标准）

SJ/T 10533—1994　电子设备制造防静电技术要求

SJ/T 10630—1995　电子元器件制造防静电技术要求

SJ/T 3003—1993　电子计算机房施工及验收规范　兵工企业防静电用品设施交接验收规程

GJB/Z 105—1998　电子产品防静电放电控制大纲

QJ 1950—1990　防静电操作系统技术要求

QJ 2177—1991　防静电安全工作台技术要求

QJ 2846—1996　防静电操作系统通用规范

（3）包装储存容器类标准

GJB 2605—1996　可热封柔韧性防静电阻隔材料规范

　　GJB 2747—1996　防静电缓冲包装材料通用规范

　　GJB/Z 86—1997　防静电包装手册

　　SJ/T 10147—1991　集成电路防静电包装管

　　总而言之，对于车间的防静电工作要订出一整套管理的制度，每天对工作人员的工作服、防静电手镯及工具都要进行检查（是否带上静电，若带上静电能否释放）；并且对于接地设备、地板、椅子、墙壁的对地电阻，要每个月进行检查，如果变大，要及时排除隐患，让它保持原有状态，从而易于释放静电。

5.6　合理选用 LED 器件

　　LED 器件往往不是单独使用的，如果作为仪器的指示灯，可能只有单个 LED，只要 LED 正常点亮就行。但是作为照明、显示屏或背光源时，往往需要很多的 LED 器件组合起来。这时要根据使用情况选用 LED 器件。

　　多个器件组合在一起时，一般应考虑以下几个问题：

　　（1）如是由多个 LED 组合使用，必须考虑当 LED 在 20 mA 工作电流下的正向压降是否一样。如果一样可以使用并联驱动，如果不同则使用串联驱动。

　　（2）在组合使用白光 LED 光源时，必须注意以下几个参数指标的选用。

　　① 色温的均匀性：白光的色温从大于 2 500 K 一直到大于 13 000 K。如果色温相差太多的 LED 组合在一起使用，视觉效果一定不好。一般的经验是，当色温在 10 000 K 以上时，每个 LED 的色温相差可在 1 000 K 之内，这样人眼区分不出色温的不同。低色温（低于 6 000 K 时）LED 之间的色温相差不能大于 500 K，这样的组合可以使视觉效果较好。

　　② 对于用于商场、舞厅、剧场或显示颜色的白光 LED 光源，一定要选用高显色指数的。一般照明使用的显色指数都必须在 80 以上，在上述场合使用的显色指数应当更高，最好大于 90，否则在商场看到的物体颜色和太阳光下看到的物体颜色相差太大。

　　（3）在组合使用多个 LED 光源时，还要考虑光强的均匀性。如果波长在 500～600 nm 之间，光强相差几十 mcd，肉眼可能会看出亮度不均。

（4）在组合使用多个 LED 光源时，也要注意每个 LED 光源的波长。一般在 500～600 nm 之间只要相差 3 nm，肉眼就会观察出颜色不一样，而其他波段可能在 3～5 nm 就会察觉出颜色不一样。

（5）如果使用 LED 作为显示屏，因为视距较远，所以这时 LED 的视角要大，而且每个 LED 的视角度要基本一致（相差在±3°以内），否则肉眼会看出亮度不一致。

（6）作为背光源使用的 LED，在同样的距离时，要求光斑均匀，光斑大小要一样，并且 LED 器件的角度要大，这样亮度才会均匀。

以上注意事项供使用 LED 时作为参考。对于 LED 器件产品，由于各个厂家的标准不一样，使用测试仪器所得出的结果也不一定都准确，因此这些参数仅供大家参考，不能作为一个标准。

 补充资料

在长期使用光源的过程中，人们对各种色彩的象征形成了一定概念，下面列举了人们对色彩感觉的象征。

- 红色——热情、活泼、热闹、革命、温暖、幸福、吉祥、危险……
- 橙色——光明、华丽、兴奋、甜蜜、快乐……
- 黄色——明朗、愉快、高贵、希望、发展、注意……
- 绿色——新鲜、平静、安静、安逸、和平、柔和、青春、安全、理想……
- 蓝色——深远、永恒、沉静、理智、诚实、寒冷……
- 白色——纯洁、纯真、朴素、神圣、明快、柔弱、虚无……
- 黑色——崇高、严肃、刚健、坚实、粗莽、沉默、黑暗、罪恶、恐怖、绝望、死亡……

5.7 本章小结

LED 器件是电子器件中新加入的一名成员，怎样才能安全、有效地使用 LED 器件，本章给出了几个方面的参考。

（1）要保护好 LED 器件。从将 LED 芯片封装成完好器件到最终使用产品的过程中，要经过包装运输、仓储、开封测试、装配焊接等环节，每个环节都必须做好防静电工作。在开始使用 LED 之前，应当对每个现场静电的防范措施进行检查。只有做好防静电的工作，才能保证 LED 器件的安全。

（2）要认真设计 LED 器件的驱动方式。设计的关键是考虑每个 LED 器件最佳的工作电流，这要根据 LED 器件的伏安特性和使用过程中可能达到的最高温度来设计，而不是在常温状态下把工作电流选定在满负载上。这个选定最佳电流的方法，可以通过实验来确定。在散热条件都确定的情况下，LED 器件装置通电工作，当温度平衡后再加大电流，判断光通量是否随着增加；如果加大电流后光通量下降，那么最佳工作电流就是光通量最大时的电流。

（3）在使用 LED 器件时一定要考虑到散热问题。LED 通电后 PN 结一定会发热，继而温度上升。如何使 LED 的 PN 结正常散热以防止 PN 结温度无限上升，LED 封装的设计者要考虑到，从 PN 结到热沉这条散热通道一定要畅通，也就是热阻要低。而 LED 器件的使用者必须考虑到要把热沉上的热量散出，一般热沉上的温度不要高于 60℃，这样才能保证 LED 工作点 PN 结的温度控制在 120℃以下。

（4）要把 LED 发出的光有效聚集到灯具所要求的方向上。必须要对 LED 发光系统进行二次光学设计，本章介绍了二次光学设计的基本知识供读者参考。根据不同的灯具，可以有很多合理的设计，随着 LED 应用的发展，将会出现更多、更好的设计。

随着 LED 应用的发展，要把 OLED、LED 太阳能电池（光伏能）综合考虑来设计，这样就对设计提出了更高的要求。对于 LED 灯具照明来说，应当既要把 LED 灯具和 LED 芯片光源结合起来设计，又要把灯具和 LED 芯片光源分开来考虑，如作为 LED 台灯，要设计几款基本的灯具，同时又要考虑设计几种基本的 LED 芯片光源，做到能互换的功能。对于使用者来说，若 LED 灯具坏了就把灯具换了，而原来的 LED 光源仍可使用，换一个好的灯具就可以了；如果 LED 光源坏了只须换一个 LED 光源即可，这样既能方便用户，也可节约资源，不会导致坏掉其中一个就要把灯具和光源整个系统都扔掉的情况发生，这也将方便灯具和光源的生产，这就需要行业协会来统筹考虑。若将来出现太阳车，就必须把光伏能和汽车设计结合起来设计这一类的产品；太阳船也是一样的道理，必须使光伏能和造船结合起来设计，今后的潜水艇，也可以做得跟陆地上的昼夜一样，有太阳出、有太阳落、早上、上午、中午、下午、傍晚等，24 小时分明，这样在潜水艇中就不会觉得都是黑夜，见不到太阳。对于我们家居用的太阳能的热水器、LED 灯具、OLED 电机机等，必须在设计房屋时就要像考虑太阳晶电板车那样，怎样把太阳能的光伏能送到各种家用电器里，无须使用市电 220 V 来变换，这样即可节省材料，又能方便使用。

第6章

LED 的应用

在各种新兴应用领域不断涌现的带动下，近些年 LED 市场规模得到了快速的提升，其应用领域已经从最初简单的电器指示灯、LED 显示屏，发展到 LCD 背光源、景观照明、室内装饰灯、汽车照明等其他领域。由于 LED 具有寿命长、无污染、功耗低的特点，未来 LED 还将逐步取代荧光灯、白炽灯，成为下一代绿色照明光源。

本章将介绍 LED 在各个领域中的应用情况，包括大功率 LED 在城市照明领域的应用，LED 显示屏的应用，LED 在家庭照明、汽车照明的应用；另外，还将介绍各种特殊的 LED 光源，LED 的应用非常广泛，它不但能够提供明亮的照明，而且可以节约能源，是未来照明的发展方向。

6.1 大功率 LED 在路灯照明中的应用

由于大功率 LED 近年来发展很快，目前光效可达到 70～100 lm/W，所以大量采用大功率 LED 作为绿能广告设备、绿能景观照明、公园照明、小区照明和楼宇之间的照明，这样不但节约能源，而且环保，并能节省投资。本节介绍无锡中科绿能科技有限公司设计制作的风光互补功率 LED，可用于城市路灯照明。

6.1.1 城市路灯照明

城市路灯是日常生活中常见的照明工具，它给夜晚的生活带来光明（如图 6-1 所示）。美观的路灯还可以把城市的夜晚装饰得多姿多彩。但路灯耗电量大，而且由于路灯的低压输电线路长，不仅路灯本身耗电，而且输电线路铺设和电线本身的耗电也很大。目前，抓好路灯的节能工作已列入各级政府及路灯管理部门的重要工作中。

图 6-1　城市夜间道路照明

6.1.2　太阳能照明

近几年来，在城市道路照明行业中出现了一大批节能的新技术和新产品，其中太阳能城市路灯由于不需要用电，因此具有无须铺设电缆的优点。但是，在使用太阳能点亮高压或低压钠灯时，由于是感性负载，如果要靠太阳能转化的电能把电压升高，还要经过许多电路转换，这同样也消耗能源。

如果使用太阳能点亮 LED 路灯，虽然太阳可以对蓄电池充电后即可点亮，但是如果连续五六天没有阳光，就无法保证 LED 持续点亮，所以选用风力发电进行补充。在没有太阳光的情况下，靠风力发电补充能源，照样可以点亮 LED 路灯。

6.1.3　风光互补功率 LED 智能化路灯

风光互补功率 LED 智能化路灯是采用太阳能和风能作为驱动能源的，其工作原理如图 6-2 所示。

图 6-2　风光互补功率 LED 智能化路灯

这种设计可以实现：

（1）如果遇到连续阴雨天，可以正常工作 4 天以上（最长可达 7 天）。

（2）路灯高度为 6～12 m，可用于主干道和次干道，也可用于公园和社区照明。

（3）根据需要可设置自动开关路灯，也可设置整夜全功率、深夜半功率、4～8 小时定时关灯等多种供电选择。

（4）充电电路可以设置过载保护，从而提供恒定电流用于点亮 LED。

经实地测试和试用，当风速较大（4 级以上）时，风力发电机发电量较大（大于 70%），充电速度快（4～10 小时就能充满蓄电池，供 3 天使用）。这与太阳能电池板互相补充，可满足使用要求。

　　根据现场实测，35 W 功率 LED 的照度和 70 W 高压钠灯一样，但是 LED 发出白光，因此视觉效果要明显好于钠灯发出的黄光。表 6-1 对常规路灯与风光互补功率 LED 路灯的经济费用和技术指标进行了对比。

表 6-1　常规路灯与风光互补功率 LED 路灯的经济费用和技术指标

序　号	项目内容	常规路灯	风光互补 LED 路灯	备　注
1	路灯灯杆	6～12 m	6～12 m	
2	路灯光源	高压钠灯	大功率 LED	
3	光源寿命	800～1 000 小时	50 000 小时	
4	供电方式	变电站供电	风能和太阳能互补供电	
5	每只路灯（按 200 W）平均电能消耗	约 1 200 度/年	不耗电	平均每天亮 11 小时，（含输电的损耗）
6	每年最低成本（元）	330	100	换灯、线路维护和清洁工作等
7	亮灯控制	光控或时间控制	智能控制	
8	线路设备及施工	开挖电缆沟，长距离埋线，安装配电供电增容设备	不需要	
9	抗大风能力	抗 12 级台风	抗 12 级台风	
10	太阳能和风力发电机	无	通过太阳能板免维护风力发电机	10 年以上使用寿命
11	蓄电池	无	免维护蓄电池	寿命为 5 年左右
12	外形	造型多样化	风机旋转有动态感，转动的风叶可五颜六色	
13	成本（路灯和输电成本）	1～1.5 万元/只	1.2～1.8 万元/只	含灯杆/灯具，控制输电设备和施工等

　　从以上数据来看，大功率 LED 路灯的价格和性能还是很有竞争力的。随着技术的进步，大功率 LED 路灯发光效率还会不断提高。所以在同等电力条件下，路灯会更亮，并且价格还会继续下降。如果在散热等方面设计好，这种路灯的寿命也是有保证的，所以采用 LED 作为路灯照明将会不断普及。图 6-3 所示的由太阳能作为电源点亮的 LED 路灯会在未来得到实际应用。

图 6-3　太阳能供电的 LED 路灯

6.2　LED 显示屏

信息化社会的到来，促进了现代信息显示技术的发展，形成了 CRT、LCD（Liquid Crystal Display，液晶显示器）、PDP（Plasma Display Panel，等离子体显示器）、LED 等系列的信息显示产品。随着 LED 材料技术和工艺水平提升，LED 显示屏以突出的优势成为平板显示的主流产品之一，并在社会经济的许多领域得到广泛采用。

6.2.1　LED 显示屏的大量应用

现在社会中的许多部门都在大量采用 LED 显示屏作为呈现信息、服务客户的重要手段，下面，让我们看看 LED 显示屏在各行各业的广泛应用。

（1）**银行、证券交易场所**：LED 显示屏可用于金融信息的显示。这一领域的 LED 显示屏占据了国内显示屏的很大分量，大约有 50% 以上。随着技术发展，这种显示屏可以统一调控，如当日各国货币的汇率及存款利率只需由城市金融中心控制，统一发布调整，各个营业部门的显示屏就自动按当日的汇率和利率显示，不需要单独调整。

（2）**机场**：LED 显示屏可用于机场进出港航班动态信息的显示。民航机场建设对信息显示的要求非常明确，LED 显示屏是航班信息显示系统（Flight Information Display System，FIDS）的首选产品。

（3）**港口、车站**：以 LED 显示屏为主体的信息系统和广播系统、列车到达出发指示系统、票务信息系统等共同构成了客运信息自动化系统。目前国内车站和港口都在使用 LED 显示屏给旅客发布指导信息，并作为车站和港口改造的主要内容。

（4）**体育场馆**：LED 显示屏可用于体育场馆的信息显示，已取代了传统的灯泡及 CRT 显示屏，作为信息显示和实况播放的主要手段，是现代化体育场馆必备的设施。

（5）**道路交通**：随着智能交通系统的兴起，在城市交通高速公路领域，LED 显示屏已成为显示交通状况和速度控制指令的有效工具。

（6）**调度指挥中心**：电力调度、车辆动态跟踪和实时调度，也逐步采用了高密度的 LED 显示屏。

（7）**其他领域**：LED 显示屏可用于邮政、电信、商场等服务领域的业务宣传及信息显示；在一些演出和集会场所，可以采用大型 LED 显示屏进行视频直播。

6.2.2 LED 显示屏的制造技术

随着 LED 制造业的不断发展，LED 显示屏所用的 LED 器件也在不断发生变化。

1. 户内屏

LED 户内显示屏一般用单色或双色点阵，单色或双色点阵有不同的规格，要求点密一些的屏幕一般使用 $\phi 3$ mm 点阵，点大的、间隔大的则使用 $\phi 5$ mm 点阵。单色点阵价格比较低，所以做出来的显示屏价格也低，一般作为文字显示使用。户内的双色点阵一般是红、黄绿两种颜色，也可显示三种颜色，即红色亮时显示红色，黄绿亮时显示黄色，如果是红、黄绿一起亮则显示第三种颜色。

使用点阵块制作户内屏有两个好处：

（1）结构比较简单，光线不需要太强，视角大。室内显示屏的点阵密度通常在 10 000 点/m² 以上，视角一般为 120°～140°。

（2）双基色显示屏亮度在 1 000 cd/m² 以上，全彩色显示屏亮度可达 2 000 cd/m²，常见的室内显示屏点间距为 4 mm 左右（目前实际应用的室内显示屏点间距最小可达到 3 mm）。

2. 户外屏

户外也分为单色屏、双色屏和全彩屏。户外的单色屏和双色屏一般使用椭圆形 ϕ 5 mm 的单色管组合，通过电路设计形成一个显示屏。这种设计的造价不会很高，而且也是常用的。全彩屏是由三基色混合而成，即红色、绿色和蓝色三种单色的 LED 组合而成。根据三基色混色原理，一般光强的比例是红、绿、蓝为 3∶6∶1。这样可以组成七色变换，也可以组成白色光。

全彩屏采用的 LED 也有几种组成方式：

（1）由红色、蓝色、绿色的椭圆形 ϕ 5 mm 单色管 LED 组成，根据电流的大小或直流电流的占空比和幅度来调节发光亮度。

（2）采用贴片的 LED 直接焊在散热面积较大的金属板上，再采用软件控制红色、绿色、蓝色三种 LED 的占空比及电流大小和显示时间，从而进行色彩变化，达到显示的要求。

户外显示屏要求亮度高，但视角普遍不大，多为 70°～90°，并要求亮度达到 5 000～8 000 cd/m^2，其亮度分辨率达到 1 000～10 000 点/m^2。特殊使用要求的显示屏（如高速公路的可变情报板），其视角要求较小（约 30°），亮度可达到 6 000 cd/m^2 以上，甚至达到 10 000 cd/m^2，分辨率为 1 000 点/m^2。通过设计来改进安装方式及与其配套的生产工艺，并在保证亮度满足户外使用的基础上，可使全彩色显示屏的水平视角达到 120°。

3. 我国 LED 显示屏技术的发展

我国的 LED 显示屏技术发展很快，20 世纪 90 年代初即具备了成熟的 16 级灰度、256 色视频控制技术，并掌握了无线遥控等国际先进技术。近年来，在全彩色 LED 显示屏 256 级灰度视频控制技术、集群天线控制和多级群控技术等方面，均有达到国际先进水平的技术和产品出现（使用大规模集成电路实现 LED 显示屏的控制，也已由国内企业开发生产并得到应用），制造显示屏的 LED 器件也逐步用国产的 LED 器件代替。国内 LED 显示屏市场几乎全部由国产的 LED 显示屏占领。

经过十多年的发展，我国的 LED 显示屏产业目前已具有一定的规模，基本形成了一批有规模的骨干企业。目前，每年 LED 显示屏市场的销售额有 30 多亿元人民币，有的企业还出口 LED 显示屏，国产 LED 显示屏经常受到国外用户的赞扬。国内主要的 LED 显示屏制造厂商集中在华东、华北、华中、华南、东北、西部区域。国内大城市也都设有 LED 显示屏制造厂，像南京、上海、北京、广州、重庆、成都、西安、兰州、郑州、合肥、武汉、长沙等地都有规模较大的 LED 显示屏制造企业。

6.3　LED 应用于汽车照明

这几年，各国都投入了大量人力来研究 LED 在汽车上的应用。目前一些型号的汽车已经配有 LED 照明设备，如卡迪拉克汽车和奔驰 S 级汽车。

6.3.1　车用 LED 的特点

由于 LED 具有节能、寿命长、免维护、防爆、不怕振动、易控制和环保等优点，加上 LED 自身所具有的冷光特性，使得灯具的外形不会因为长期受热而变形，从而提高了整套灯的寿命。特别是 LED 点亮发光时间快（比一般的白炽灯快 0.7～1 s），所以在用 LED 作为刹车灯时，如果前面的车即刻刹车，后面的车会比使用白炽刹车灯提前 0.7～1 s 看到信号。在高速公路上行驶，如果车速是 100 km/h，可比白炽刹车灯提前 20 m 进行刹车制动，从而防止两车相撞事故的发生，减少交通隐患。

目前，LED 大量用于汽车尾灯、刹车灯、方向灯、指示灯、倒车灯、车内的顶灯、阅读灯，以及抓柄、车锁、开关、杯托、安全带搭扣、镜子边框、汽车的仪表盘等[①]。随着技术的高速发展，LED 的价格将会大幅度下调，所以在汽车上使用 LED 会越来越普及。目前汽车上用的灯基本都 LED 灯，只有前大灯还没有普及。

6.3.2　车用 LED 的供电电源

汽车上的 LED 都是用汽车上的蓄电池作为供电电源的，汽车上的蓄电池电压变化比较大，闲暇时间没充电的蓄电池电压可能下降到 10 V，充足电后蓄电池的电源电压可达 14 V 左右。LED 的灯一定要实现稳压或稳流供电，所以对车用 LED 的输入电压要进行处理，设计稳压电路，将 10～14 V 的电压稳定在 12 V。现在市场上已出现带有这种模块的 LED，像福建省苍乐电子公司制作的 1 W 的 LED 模块，它的输入电压为 10～14 V，输出恒流电压为 12 V，非常适

---

① 目前，汽车的车头灯、远光灯、近光灯、日间行车灯要用白光 LED 替代还有一定的难度，因为它们都要求高亮度的白光 LED，不过各个厂商都在研究这个问题，有的公司也已做出试验样灯，相信不久就会得到大量应用。

合用在汽车上。

6.3.3　车用 LED 实例——汽车维修灯

最近新出现的车用 LED 灯，是在汽车底盘上装有一种 LED 底盘灯，在夜晚能发出耀眼夺目的灯光，这种效果的新型汽车装饰产品已在国内外流行开来。它集安全性、装饰性为一体，在夜间、雾天、雨天、阴天及能见度较差的路面上，可以很好地为行人或其他车辆提供行驶或泊车的位置标识，从而减少事故隐患。这将为 LED 带来更大的市场空间。

车用 LED 最适用于数字仪表指示灯的背光显示、前后转向灯、刹车指示灯、倒车灯、防雾灯、阅读灯等，对这些灯的角度、色差、亮度、电压、光衰、散热、防紫外线及可靠性要求都很高，只有达到这些要求，车用 LED 才能真正实现产业化。

最近市场上出现一款汽车维修灯（如图 6-4 所示），它使用 φ5 mm 的白光 LED。通常，一盏汽车维修灯由 30 只或 60 只 LED 组成，作为汽车的备件，当夜晚汽车在路上出现故障时，这种维修灯非常实用。

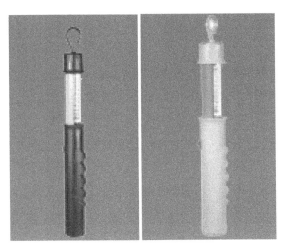

图 6-4　LED 修车灯

如果在汽车头部发生故障，可以把维修灯直接接到蓄电池上点亮，以作为维修使用的灯光。若是在车厢内部发生故障，可以接在驾驶室内的点烟器上即可发亮，这种灯还可以闪动黄光，可作为对过路车的提示或报警，还可以内装可充电蓄电池，从而作为其他用途的工作灯，既方便又省电，很受用户欢迎。

LED 灯具是第四代汽车光源，这几年来一些著名品牌（如宝马、福特、本田、丰田、奔驰、奥迪、凌志等）不遗余力地针对车用 LED 发掘新的卖点，采用 LED 光源作为汽车的灯具或用于照明。

关于汽车 LED 的产业化过程，LED 慢慢替代大多数汽车上的普通照明灯将是产业的必经之路。在 2010 年，我国 LED 车灯具有大规模的发展，形成了约 10 亿元的年产值，预计 5 年后将会形成 30 亿元的年产值。

6.4　LED 在交通信号灯方面的应用

由于 LED 具有亮度高、省电及寿命长的优点，因此在交通信号灯领域得到了大量的应用。据统计，全球约有交通信号灯 2 000 万座，2000 年全球采用 LED 的交通信号灯约为 40 万座，2001 年达到 100 万座，增长率达到 150%。如果考虑每年新设的交通信号灯加上更换旧的交通信号灯，估计每年全球新增 LED 交通灯 200 万座。以每座更新成本约 500 美元计算，未来每年全球仅在城市 LED 交通信号灯消费上就有 10 亿美元的市场。

在我国，高亮度 LED 城市交通信号灯也已开始应用。上海市已明确规定，新安装的交通信号灯一律使用 LED。一般城市的市内每个十字路口需要 12 个红、黄、蓝绿信号灯（4 套），加上人行横道警示灯 24 个（8 套）共 36 个，其中 12 个是蓝绿信号灯，这样每个路口需要 2 400 只高亮蓝绿 LED。

2000 年全国设市的城市有 663 个，其中特大城市 37 个、大城市 51 个、中等城市 216 个、小城市 359 个，以平均每个城市 500 个路口计，则全国就需要高亮度蓝绿 LED 约 8 亿只。

随着城市扩大和城市化建设速度加快，市政建设配套也是一个大空间，小城市乃至城镇都需要装备，还包括高速公路出入口、一级公路交叉路口的交通灯等。据估计这是一个约 15 亿元以上的市场。随着对节省能源、环境保护和交通安全要求的不断提高，以及 LED 价格不断下降，使用 LED 替代旧的路灯和交通信号灯必将越来越多。

6.4.1　LED 交通信号灯的器件设计

使用 LED 交通信号灯取代传统的白炽灯，节电可达 80% 以上，其光学性能比用 100 W 的白炽灯还要好。为了保证交通信号灯的使用寿命能超过 5 年，建议在设计 LED 交通信号灯时应采取以下的技术措施。

（1）选用亮度较高的 LED 芯片。选用的 LED 最好使用铜支架，在设计印制电路板时应当把覆铜板面积留大一些，这样有利于 LED 将热量导出（由电路板的铜带把热量散出）。

（2）在选用 LED 时，其设计指标要比交通信号灯要求的指标亮 20%。采用反光杯技术，可以提高信号灯的出光效果。

（3）驱动电流应采用可靠的恒流电源，当电压在±20%范围内变动时，电流变化控制在±1 mA 内。由于 LED 的正向电压随温度的上升而下降，如果采用电阻降压、电容降压或恒压方式，其电流就会随之增加，又会引起温度上升，从而造成恶性循环直至 LED 损坏。

（4）每个 LED 承受的电流应留有余地，小于通常室温下所用的电流值 20 mA。例如，红、黄 LED 使用 17～18 mA，蓝绿 LED 使用约 16 mA。从 LED 的极限工作电流与环境温度的关系可看出，对于红、黄 LED，当上升到 80℃时，其极限电流只有 23 mA；而蓝绿 LED 当温度上升到 70℃时，其极限电流只有 10 mA，超过这两种 LED 的极限允许电流，LED 就要损坏。

6.4.2　LED 交通信号灯的技术标准

到目前为止，LED 交通信号灯有圆形的红、绿、黄灯，也有箭头式的红、绿灯，还有人行道的红、黄、绿灯。这几种样式的灯的技术标准都不一样，但它们光强和亮度值测量都是以水平方向的俯视角测量的。在水平光轴上，有水平角两侧 5°、水平角两侧 10°、水平角两侧 15°、水平角两侧 20°、水平角两侧 30°等；而上下是以光轴上俯角 5°、俯角 10°、俯角 20°来测量各点的光学指标的。对于信号灯的颜色，不同国家的标准也不一样。

由于交通信号灯的环境条件比较苛刻，要在-40～60℃中循环对其进行高低温测试。对交通信号灯防水条件要求也比较高，在一定水压下可对交通信号灯从各方面进行冲击，要保证不能进水。防尘是对交通信号灯的又一要求，即表面透镜不能粘有灰尘。以上标准可查看交通部门的具体测试指标，在交通部门有专门负责交通信号灯指标测试和检验的研究所。

目前交通信号灯使用的 LED 也不一样，有 φ5 mm 的红、绿、黄单管组合。由于单颗 LED 发出的光通量较小，因此通常使用 100～300 颗 LED，使其均匀地分布在整个发光面上。随着单颗 LED 出光效率的提高，也可以只用十几颗 LED 组成信号灯。

对于作为交通信号灯的 LED，要根据有关的技术指标要求及单颗 LED 的电压、电流、光通量等基本参数进行设计。现在有很多设计交通信号灯的技术资料，可供相关的专业技术人员查阅参考。

6.4.3　用做铁路信号灯的 LED

铁路上的交通信号灯也可用 LED 替代，但铁路用的交通信号灯的颜色分为红、黄、蓝、绿、月白色等，并对颜色的要求有特殊规定。铁路交通信号灯的使用环境更加苛刻，有的设置在沙漠上，有的安装在大桥上。有时安装高度比城市信号灯低，并且电源的供应也比较困难。

首先，环境温度要求：高温测试实际应达到 60～70℃，低温应达到-50～-40℃。防灰尘要求也更加严格，因为它安装位置低，火车开动时铁路上的灰尘很多，会把交通信号灯的光线挡住；而且火车司机一般几百米就应见到信号灯的信号，所以亮度要高，才能照得远。

火车上的列车员和铁路上的工作人员手提的信号灯用量很大，使用 LED 替代也是没有问题的。这种灯如果采用 LED，则体积小、耗电省、使用方便，一定会受铁路员工欢迎。

6.5　LED 用做背光源

LED 用做背光源已经得到了广泛的共识，如手机、笔记本电脑等都采用 LED 作为背光源。由于 LED 体积小、发光亮度高、省电，并且安装方便、颜色多样，所以手机的背光源都采用 LED。

SMD 型的 LED 作为手机的背光源已被大量采用。凡是使用 LCD 作为显示器的设备都需要背光源，因此笔记本电脑的 LCD 显示器也是用 SMD 封装的 LED 做背光源的。前几年，LED 在手机和笔记本电脑上的使用量占 LED 市场销量的 30%～40%。

6.5.1　背光源

背光源是提供给 LCD 面板的光源，主要由 LED 光源导光板、光学用膜片、塑胶框等组成。根据光源分布位置不同，背光源分为侧光式和直下式。由于 LCD 模组不断向更亮、更轻、更薄方向发展，因此手机使用的是侧光式 LED 背光源。

导光板的作用在于引导散光方向，用来提高面板亮度，并确保亮度的均匀性。导光板质量的好坏对背光源影响较大，导光板要用具有反射功能且不吸光的材料。在导光板的底面用网版印刷的方式印上扩散点，光源位于导光板侧面，发出的光利用反射发往另一端。这使导出光线射到扩散点时，反射光会往各个角度扩散，然后从导光板正面射出。利用大小不一样的扩散点，可使导光板均匀发光。

目前国内厂商大多采用印刷式的导光板作为导光组件，印刷式的导光板具有开发成本低及生产快速的优点，而非印刷式的导光板技术难度较大，但在亮度方面表现优越。根据形状的不同，导光板可分为平板和楔形板，平板多用于监视器，楔形板多用于笔记本电脑的屏幕。

6.5.2 背光源的技术指标

下面考虑背光源的主要技术指标，首先是亮度和均匀性。亮度和颜色的均匀性是衡量背光源性能的一个重要指标，人眼对光的亮度和均匀性非常敏感。

对亮度和均匀性的测量方法是：采用光强测试仪进行 9 点测试，参见图 6-5。在 9 个位置上测出光强的大小，取 9 点的平均值，就是整个产品的亮度。使用最暗比值来衡量其亮度的均匀性还没有统一的标准，因为与测试的距离有关，近一点测就亮一点，远一点测就会暗一点，主要还是根据客户的需要。例如，将监视器和笔记本电脑的屏幕亮度做成可以调节的，用户根据需要来调节亮度，但产品的均匀性应达到 85%以上。

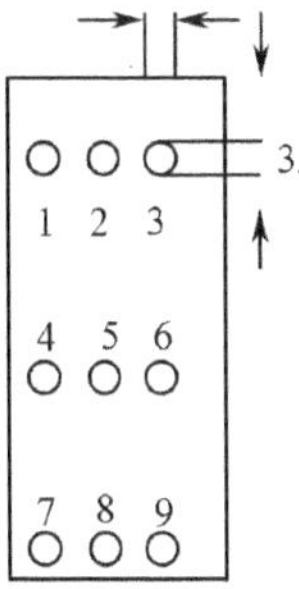

图 6-5 光强的 9 点测试

对于背光源来说，光的透射率和反射率也直接影响到背光源的质量。人们常常要测量通过介质（玻璃、有机塑料）后的光通量。透射率定义为穿过介质后的光通量与光源的入射能量的比值，这个比值对光的均匀性有很大影响，若仅考虑透过的可见光的光通量，则称为流明透射率。在测量中难免会受到待测量的器件表面的反射光等因素的影响，测量时必须利用防护罩或暗室来消除这些杂散光的影响。

在背光源的生产车间或使用背光源的安装车间，都要求防尘来保持清洁，在背光源的发光区有灰尘是影响产品合格率的主要原因。

6.5.3　未来发展

LED 器件的性能在不断提高，其应用范围也在不断扩大，从手机、数码相机、笔记本电脑到液晶电视（LCD TV），各种设备的背光源也在不断发展。

未来 LED 在电视市场的发展备受期待，因为采用 LED 作为背光源的 LCD TV，其色彩重现度可以轻易地达到 NTSC（美国国家电视制式委员会，National Television System Committee）规格 100%以上水准；但一般的 CCFL（冷阴极荧光灯，Cold Cathode Fluorescent Lamp）灯管，绝大多数仅能提供 72%的水准。因此未来 LCD TV 在观赏画质上可远远超越其他显示器，而 LED 背光就是关键。

2006—2008 年是 LCD TV 与 PDP TV 两大薄型电视在成本竞争中的对抗时期。LED 背光模块厂商估计，2007 年以 LED 为背光的大尺寸背光模块市场规模增长到 2.6 亿美元，比 2005 年的 200 万美元增长 100 倍以上，可以看出 LED 背光模块的市场前景非常好。

6.6　LED 在城市亮化工程和夜景工程中的应用

城市亮化工程十分必要，一个城市的道路、社区的照明、公园的照明、广场、商业中心的照明都直接显示一个城市亮点，特别是广场、商业中心、江河两岸装上明亮的广告，可以把城市各个明星企业、名牌产品、市政的指导思想与奋斗目标展示在公众眼前，可以使人们感受到这个城市的活力与魅力。

6.6.1　城市亮化工程的关键问题

城市的亮化工程和夜景工程已排上各城市有关部门的议事日程，城市要亮化，要搞五光十色的夜景，其中有两个关键问题：一是耗电十分严重，有的城市已装了亮化工程和夜景工程的设备，但是不敢经常接通，一旦点亮将影响整个城市的用电；二是这些工程做好之后，维修十分困难，大约几个月后就要更换光源（电灯泡、日光灯管和启辉器）与维修线路，因此维护费用也特别大。

对于上述两个问题，可以利用 LED 光源来解决。LED 的用电量是白炽灯的十分之一，是荧光灯的二分之一。LED 目前的使用寿命可达几万小时，而且用电省，不会造成线路电流过大而老化烧损，从而减少维修工作。

6.6.2　城市亮化工程中的各种照明

对于远郊路灯，由于离市中心远，供电线路也比较长，长距离的铺设电缆费用高，不方便也不安全，所以采用太阳能和风力作为电源的 LED 路灯比较方便，也节省费用。

对于江河两岸的广告屏，采用 LED 器件是最好的，要比霓虹灯省电、耐用，不需要经常维修。霓虹灯使用高压电供电，一旦损坏，高压电源会造成潜在危险。

对于广场的照明灯、多彩变换的色灯、水池灯、线条灯、彩虹管等，都可以使用 LED 作为照明光源，而且安装十分方便。广场的彩色发光砖，也采用 LED 制作，其电压低，而且具备全封闭的防水、抗震性能，因此安全性很高；颜色可以多种多样，并且颜色和亮度可随音乐变换，十分美观。

对于商业中心店铺的商品广告，可用 LED 串接排成各种字体、形状，可以采用各种 LED 显示屏。城市高楼、大型建筑物、桥梁、游船等，都可在其上用 LED 做成轮廓灯、护栏灯、灯柱、墙灯，装扮得十分美观。

北京、上海、重庆、厦门等许多城市的景观照明都采用了 LED 照明，不但把城市打扮得越来越漂亮，并且节约了大量的能源。

 补充资料

采用 LED 作为光源的立体发光字（或标识）多为铜字或铁皮等槽字，涂有各种颜色油漆的亚克力字，在底部或表面粘贴各种颜色的有机片或亚克力板，或者玻璃钢字。在槽字里加装上 LED 光源，使用亚克力板或有机片封面，再配上专用的铝塑边条，通电后就可使 LED 灯发亮成为立体发光字，并且颜色可以任意挑选。这样的立体发光字不但亮丽新颖，而且还可轻易解决原始立体字容易褪色、发光暗淡、材料寿命短和经常要维护等问题。

目前，我国许多大城市都在实施夜景工程，这种工程所用的灯具有以下几种类型。

护栏管：管长为 1 000 mm，直径是 φ50 mm，管壳为圆形 PC 罩，分为乳白色和透明条纹两种，透光率为 90%。由 220 V 交流电压输入，内置开关电源转为 12 V/24 V 直流电，一般采用 108 颗或 144 颗单色光 LED；护栏管采用铝合金底座，防护等级为 IP65。这种灯为单色管常亮或单色突变、渐变。

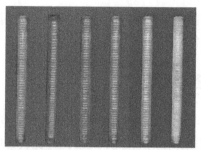

数码管：管长为 1 000 mm，直径是 φ 50 mm，管壳为圆形 PC 罩，分为乳白色和透明条纹两种，透光率为 90%。由 108 颗或 144 颗红、绿、蓝 LED 管子组成。220 V 交流电压输入，内置开关电源转为直流 12 V/24 V；点亮后可显示七彩变换，颜色变化由信号控制器控制。数码管为铝合金底座，防护等级为 IP65。

像素管：管长为 1 000 mm，直径是 φ 50 mm，管壳为圆形 PC 罩，分为白色和透明条纹两种，由 48 颗红色 LED、48 颗绿色 LED 和 48 颗蓝色 LED 组成，内置开关电源。在输入 220 V 交流电，点亮后不但可以产生七彩变换，并可产生颜色流动、追逐等多种变化。像素管分为 8 段和 16 段两种，16 段像素管可显示图文，若与计算机或电视机连接，可显示计算机和电视机中的图文画面。

扁三、扁五线柔性彩虹管：这种柔性管一般是绕着建筑物轮廓，扁三是指 φ 3 mm LED 两排并行，扁五是指四排 LED 并行，颜色可根据用户需要制作。这种管子的电源是 220 V 交流输入变为 12 V/24 V 直流供电，颜色变化要靠信号控制器控制。

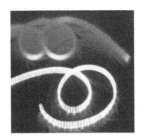

　　投光灯（也称为洗墙灯）：这种灯一般是 1 m 或 1.2 m 长，并将光投在墙上或建筑物上。要根据照射距离、照度来选择相应规格的灯。目前有三种型号：一种是用 ϕ 5 mm 高亮度的 LED 管子组成；另一种是用食人鱼方法封装的 LED 做成；还有一种是用 0.5 W 或 1 W 的大功率 LED 做成的。这三种投光灯的价格相差较大，如果考虑可靠性和亮度，还是用大功率 LED 制作最好。

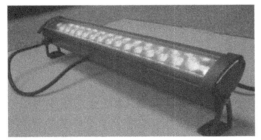

　　点光源：型号有很多种，包括 ϕ 100 mm、ϕ 200 mm 和 ϕ 300 mm 的电光源，其中使用的管子有 ϕ 5 mm 的 LED 和大功率 LED，这种点光源的颜色可以有多种变化。

　　应当注意的是，对于以上各种类型的灯，电源最好是从交流 220 V 变为直流 12 V 或 24 V，需要使用开关电源，这对 LED 使用寿命和安全都有好处。目前，有的灯为了降低成本而使用阻容降压，这是很不安全的：一是对于 LED 供电无法保证稳压或稳流，随着交流电压的波动，很容易损坏 LED 管子；二是有时会造成阻容损坏漏电，从而威胁到人身安全。

6.6.3 LED 用于城市景观工程的优势

总而言之，用 LED 做景观灯和路灯有许多好处，LED 光源除了无汞、节能、节材、对环境无电磁干扰、无有害射线等优点之外，在景观照明领域还有如下优点。

（1）低压供电：无高压环节，使用安全，绝缘开销也少，可靠性高。

（2）附件简单：无启动器、镇流器或超高压变压器。

（3）结构简单：固体光源体积小，不漏气，无玻璃外壳，无气体密封问题，耐冲击。

（4）可控性好：响应时间快（微秒数量级），可反复频繁亮灭，基本无惰性。

（5）色彩纯正：由半导体 PN 结自身发光，色纯好，颜色鲜艳。

（6）色彩丰富：用 RGB 三基色作为光源，可控制演变任意色彩，可控制颜色变换和闪烁。

（7）轻质结构：对 LED 光源做成灯具的强度和刚度要求较低，可用轻质材料做成，从而减轻整个灯具的重量。

（8）柔性好：LED 光源精巧、体积小，使 LED 能适应几何尺寸和不同空间大小装饰照明的要求，能成点、线、面、球、异形体乃至任意艺术造型的灯光雕塑。

人们深信 LED 景观灯具将沿着多学科交叉融合发展，并朝着艺术化、智能化、柔性化的方向发展。

为了配合科技奥运、绿色奥运、人文奥运，北京用 LED 作为照明光源来美化首都夜景，而北京广外大街 3 km 长的道路两侧，使用了几百万只 LED 作为景观灯饰。上海的东方明珠塔已采用全新的 LED 灯光系统作为景观照明。

LED 以其环保、节能、寿命长、体积小、隐蔽性好、单色亮度高、组合变化多等独特优势，正在逐步替代原有景观照明光源，大举进军景观照明市场。

6.7 LED 应用于玩具

玩具领域是 LED 最早跨入的应用阵地，早期应用于玩具的就是红光 LED，后来随着 LED 的技术发展，蓝光、绿光、白光和其他颜色的 LED 出现，LED 可被应用于玩具的各个部分。

电子玩具、电动玩具、布皮玩具等都可以使用 LED。由于用于玩具的 LED 要求亮度不要太亮，因此价格便宜，用量相当大。

前几年就流行的 LED 小孩鞋，就是在鞋边缘装上了五光十色的 LED。当鞋子一踏地，两个电极压迫接触，通过电流，鞋边的 LED 就会发亮，颜色十分好看。小孩看了十分好奇，就会喜欢走路，观看鞋子上 LED 颜色的精彩变换。

由于 LED 用电省、体积小，只要用两个薄型纽扣电池就可使它发亮。还有一种产品把 LED 和镜子组装在一起，可以做成小巧精致的化妆镜，在夜间可以作为照明的手电筒，也可以方便晚上化妆，很受人们的欢迎。

LED 用于玩具领域是最适合的，这是因为 LED 具有以下特点。

（1）体积小、耗电省：LED 本身体积很小，可以随玩具的造型而设计，而且它耗电省，因此电池的体积也小，这对玩具缩小体积，减轻重量很有好处。

（2）环保、安全：LED 放在玩具上，不怕振动，不怕摔。LED 是用环氧树脂封装，无毒、不会碎，给小孩用比较安全。

（3）颜色鲜艳，可变换颜色：颜色很吸引人，色彩变换很受小孩喜欢。特别是采用红外线 LED，还可以对玩具设计智能控制。随着声光色的变换，可以设计出多种控制的智能玩具。

随着技术的进步，玩具领域将发生一场大的变革，新的智能电子玩具将会大量出现，这种智能玩具不但好玩，而且可以增长小孩的鉴别能力，促进儿童智力的发展。我国是全球轻工业产品的重要生产基地，对于改造玩具领域、提高玩具档次，LED 将起到巨大的作用。

6.8 LED 应用于仪器仪表

传统的仪器仪表是采用动圈式的指针作为指示，各种参数由指针配合表盘刻度，由人依据指针在表盘刻度上的位置，估计一个数值，而且仪器仪表一旦受到振动，指针偏转就会受到影响，使得结果不准确，甚至会损坏仪器仪表。

现代的仪器仪表大量采用 LED 进行显示，可以显示数字。人们只要根据数字即可确定数据，而且在离仪表较远的地方即可看到。这种仪器仪表使用起来十分方便，并且体积变小，不怕震动、搬动，可以随意放置，不受环境的影响。

用于仪器仪表显示的 LED 器件大多采用数码管、光柱及各种符号管。采用这些 LED 器件，要特别注意仪器仪表输出的电压和电流与数码管、光柱、符号管的电压和电流的配合，目前有配套的电路可供选择。

用于数码管、光柱和复合管的 LED 的亮度不要求太高，但是要求 LED 的电压、电流、亮度和色纯度的一致性要好，这种仪器仪表显示出来的数字，可以使人眼看起来比较舒服。

6.9 LED 应用于特种照明

随着 LED 应用的深入和普及，使用 LED 光源做成的各种特殊照明灯纷纷出现。

1. 小夜灯与草坪灯

直接插入普通市电，使用 1～2 颗 ϕ5 mm 的 LED，并采用光控和红外控制的小夜灯，其品种非常丰富，样子十分漂亮（见图 6-6）。这种小夜灯可用在房间的客厅、走廊、卫生间等亮度要求不高的地方，非常省电。一个小夜灯的用电在 0.1～0.5 W 之间，可为人的夜间走动提供照明，很受用户欢迎。

图 6-6　LED 小夜灯

草坪灯是采用太阳能电池供电，功率为 60～120 mW 的 LED 灯，夜间在户外的路边或花园边点亮，十分好看。白天遇到光线草坪灯就会自动熄灭，周围光亮度暗到一定程度它又会自动点亮，既省电又美化环境。

2．手电筒

以往人们常用的手电筒，都是用钨丝做成的小灯泡。现在已经大量改用 LED 作为手电筒的灯泡。手电筒一般用 2～3 节 1.5 V 的干电池供电，可用 1 W 或 0.5 W 的 LED 作为光源，既省电，亮度又比原来的钨丝灯泡亮得多。我国现在生产的 LED 手电筒，有的大量出口到国外，物美价廉、省电轻便。

3．医疗机械的照明光源

LED 可用做医疗机械的照明光源，特别是对于进入人体内检查的仪器，因为 LED 体积小，可采用 LED 及光纤把光源放在仪器头上，然后深入人体，利用 LED 发出的光照亮所要观察的部位，非常方便医生进行观察或摄像。还有一种设备，采用 LED 作为光源，将其照射人体的某个部位，可以看出人体内血液的流动情况，从而分析人的健康状况。

医生的办公室还可以使用 LED 作为背光源，用于查看 X 光照片、CT 照片等。使用 LED 作为背光源，一是省电，二是启动快，亮度高。以前这种背光源使用日光灯管，在开通时启辉器可能要闪烁好几次，而且容易损坏。

4．生物信号

利用 LED 能发出不同波长的光，选择某个波长的光就可以促进植物的生长。利用动物对某个波长的光特别敏感，可将 LED 用做捕鱼器。国内的一家公司利用 LED 发出的某波段的光和能发出某种频率的声音，引诱深海的鱼进行捕捉。

5．矿灯

厂商这几年都在致力于将 LED 用于矿灯光源。原来的矿灯用钨丝灯泡作为光源，不但耗电，而且还要配一个 1 kg 重的蓄电池，带上 1 m 长的电缆，使用很不方便，特别是电缆经常摆动，容易磨损导线，一旦导线磨损就会擦出火花，就可能引起瓦斯爆炸，非常危险。

使用 LED 作为光源的矿灯，由于省电，因此只用 4 A•h 的锂电池就可以了。可以把电池和 LED 做成一体化的光源，其体积很小，可大大减少矿灯的重量，而且也不需要很长的电缆线，便于携带。

但是到目前为止，LED 矿灯还有待改进。首先要求白光 LED 光效要高，至少要达到 40 lm/W以上。因为矿灯的照度要求，在开始使用时，离光源 1 m 远处就要求 12～15 cm 光圈的亮度达到 1000 Lux 以上，连续点亮 11 小时后，这个光圈的亮度还要达到 700 Lux 以上，现在有些白光 LED 光源很难达到这个要求。

另一个问题是 LED 连续点亮时会发热，如果不将这些热量导出，将会影响 LED 的寿命和亮度。但是矿灯是防爆结构的，应该如何将点亮的 LED 的热量导出，是一个需要考虑的问题。相信随着技术的进步，这个问题会很快解决。

6. 射灯

用白光 LED 做成的射灯（如图 6-7 所示），很受珠宝店、博物馆等场所的欢迎，因为 LED 发出的光是冷光，射出的光没有热量，这种光照射在金、银等金属上不会使其表面发生氧化。使用三个 LED，就可以达到 20 W 钠灯射灯的亮度。随着 LED 技术的发展，射灯亮度还会提高，并逐步替代所有的钠灯射灯。

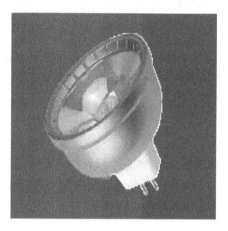

图 6-7　LED 射灯

7. 航行灯

用于航空设备和飞机上的航行灯，也可用 LED 替代。现在已经开始使用 LED 作为飞机上的各种照明灯具。在飞机上使用 LED 光源做成的灯，不但省电，而且因为 LED 光的波长宽度在 3 nm 之内，红外辐射量非常小，比一般的钨丝灯泡小十几个数量级，可以提高飞机的各种仪器显示的清晰度，从而减少各种干扰。

特别是对于军用飞机，由于 LED 灯的辐射量很低，一方面不会被敌机发现，另一方面可以提高仪器的清晰度和灵敏度，及时察觉到有关的目标。LED 在军事上的使用将会逐步普及，像坦克、潜水艇等的照明光源都可用 LED 灯代替。

8. 消防应急标志灯

根据消防安全的规定，在每座大楼通道出口处、宾馆的走廊、工厂车间的通道都要挂上消防应急标志灯，以防止一旦发生火灾时，电源切断后能维持楼道、出口处的照明，让人们能看见标志，及时疏散。

通常的方法是采用市电整流后对蓄电池进行充电，在发生紧急情况时若市电停电，就由蓄电池供电，从而使应急标志灯内的灯管发亮。在实际应用中经常发现，在进行紧急抢救或疏散时，人体若碰到升压点亮的标志灯很容易产生触电事故，而且由于荧光灯管启辉器等原因经常不能点亮，所以在十几年前，美国就已改用低压供电来点亮应急灯，以防止上述问题的发生。

低压点亮应急灯最适合使用 LED 作为照明光源。平时市电对蓄电池进行充电，一旦停电，就可直接由蓄电池供 LED 点亮发光。这样的电路比较简单，而且质量可靠，所以目前消防应急标志灯几乎全改用 LED 作为光源。

现在，家庭、商店、医院和银行等使用的应急灯都已改用 LED。1 W 白光 LED 的光源可以发出 40 lm/W 以上的可见光，所以应急灯只要用 1～2 W 的 LED，就可替代原来耗电十几倍的荧光应急灯。

6.10　LED 与家庭照明

LED 进入家庭照明的日子也将不远。从目前来看，家庭中使用小夜灯、LED 手电筒越来越多。普通的小夜灯每盏只有几元钱，如果在家中的客厅、走廊、卫生间或卧室安装一个 LED 作为地灯，可以方便夜间行走，而且不会因为开灯而影响别人休息。如果同时开启四五盏 LED，那么夜间共用的电功率也不会超过 0.5 W。如果直接开启照明用灯，即使是 20 W 灯泡的开/关电功率损耗都特别大，而且灯泡也容易坏，还会影响到别人的睡眠。

如果要让消费者接受在家中使用白光 LED 作为照明灯具，那么一是要求 LED 灯具的造价符合实际情况，能够为大多数人接受；二是这种灯具要耐用，并适用于各种情况。

从家庭的经济角度考虑，目前 25 W 的普通灯泡发出的光约为 300 lm，它相当于 7 W 的白光 LED 光源发出的光。25 W 的灯泡十分廉价，一只有 0.5 元；但是 7 W 白光 LED 光源目前大约需要 70 元。如果把这两种光源同时点亮 1 000 小时，那么白光 LED 比灯泡节省

（25 W–7 W）×1 000 小时，即 18 度，每度电费按 0.5 元计算，即可节省 9 元的电费，而且在 1 000 小时内可能还要更换 1~2 个灯泡。

按照我国第十五个五年计划的要求，白光 LED 的光效要达到 100 lm/W，相当于 3 W 的白光 LED 光源就可与 25 W 白炽灯的照明效果接近，点亮 1 000 小时可节省电费 11 元。按照现在白光 LED 的价格，3 W 白光 LED 只要 30 元即可买到。只要点亮 3 000 小时，节约的电费就可以再买一只 3 W 的白光 LED。

按这样的发展趋势，用白光 LED 替代家庭照明的前景很快就会到来。如果从整个社会的节能、环保角度来考虑，其意义就更大了。使用白光 LED 光源不但可以节约能源，减少建设电厂的投资和输电线路的投资，而且可以减少二氧化碳的排放量，减少发电时灰尘对空气的污染。

为了使广大家庭都能接受使用白光 LED 光源照明，一方面灯具制造商要造出适合家庭使用的 LED 灯具，并且经济耐用、质量可靠；另一方面要加大宣传力度，使大家认识到节能的重要性。政府也要采取一些措施，推动普及 LED 的知识。

我国生产了很多节能灯，但是家庭使用节能灯的并不多，这是一个值得思考的问题。一方面应严格控制 LED 灯具制造商生产的产品质量，并对 LED 灯具照明的技术指标定出具体的标准；另一方面要鼓励消费者采用 LED 照明，大力提倡节约能源光荣、浪费能源可耻的风尚。

6.11　本章小结

LED 的使用范围将越来越广，并将深入到国民经济的各个部门，其规模将越来越大，LED 行业的同仁们应当加倍努力，把 LED 产品做得更好。

随着 LED 芯片制造技术的发展和封装技术的提高，LED 的发光亮度还会不断提高，发光效率达到 200 lm/W 也不成问题，其价格也会不断下降，使用寿命将延长到 10 万小时以上，而这又会促进 LED 更进一步深入到各行各业，特别是在军事和航天领域将会得到很大的发展。

由于价格降低，LED 将会步入千家万户，成为本世纪的主导光源，这将为我们节约宝贵资源，保护我们的生活环境。希望社会各界关注国内 LED 产业的发展，大力推广 LED 应用，促使我国的半导体照明产业能够跟上发达国家前进的步伐。目前我国已成为 LED 应用的大国，排在世界首位。

第 7 章

大功率 LED 的驱动电路

7.1 大功率 LED 的几个参数及其相互关系

7.1.1 正向电压与正向电流的关系

图 7-1 是红、黄光 LED 芯片的正向电压和正向电流的关系曲线图。由图可见，当正向电压超过某个阈值时（红、黄光为 2 V，蓝、绿光为 3.5 V），电流将急速升高，也就是说正向电压只要有微小的几微伏的升高，正向电流就会升高几十到几百微安。而半导体的特点是，当 LED 芯片温度升高时，正向电压的阈值会下降。这时就可能出现正向电流进一步增大很多，所以在使用大功率 LED 器件时，不要用稳压电路来供电，即使电压能稳定在某个值，但通电后 LED 芯片的导通电压降低（阈值降低）就会使正向电流增大很多。正向电流的增大，又会促使 LED 芯片结温升高，从而导致正向导通电压再度下降，这样就会产生恶性循环，最终把器件烧坏，所以在使用 LED 器件时，应用恒流驱动 LED 器件，不可用恒压驱动。

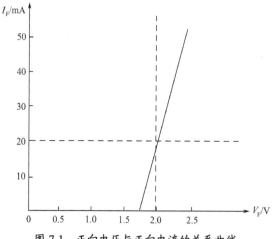

图 7-1　正向电压与正向电流的关系曲线

7.1.2 光通量和正向电流的关系

图 7-2 是光通量与正向电流的关系曲线。当正向电流增加时，光通量也跟着增加，但正向电流不可无限地增加。如果正向电流一直增大，光通量到一定值后反而会下降。当一个大功

率 LED 器件（或灯具）在某一环境下维持光通量最大值时，这时的电流就是最佳的驱动电流，这是使用大功率 LED 时必须注意的问题。这里的某一环境，是指周围的温度、风速、散热条件等。一般在使用 LED 器件时，不可按满额电流来设计，而是要根据实际的使用环境和散热条件来确定它的驱动电流，所以在使用大功率 LED 时，一定要用恒流驱动，不可用恒压驱动。

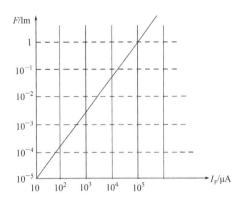

图 7-2　光通量与正向电流的关系曲线

　　在设计 LED 灯具时要把灯具的系统搞清楚，灯具的使用条件、环境的温度设定在一定范围内，然后设计驱动电流，这样做会使 LED 灯具的使用寿命有保障。

7.1.3　光通量与温度的关系

　　图 7-3 是大功率 LED 的光通量与温度的关系曲线。由图可以看出，光通量与温度成反比，85℃时的光通量是 25℃时的 1/2，而 −40℃时光通量是 25℃时的 1.8 倍，温度变化对大功率 LED 的波长也有一定的影响。因此，良好的散热是 LED 保持光输出恒定最有效的保证。在做 LED 灯具时一定要设法把大功率 LED 器件上的热量传到灯具的散热片上，所以选用导热胶和导热材料成为做好 LED 灯具的关键。

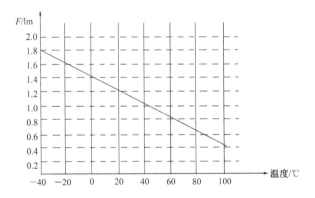

图 7-3　光通量与温度的关系曲线

7.1.4　温度与使用寿命的关系

大功率 LED 点亮时大约有 80%的电能在 LED 芯片上产生热量，这些热量促使 LED 芯片 PN 结的温度上升，LED 芯片中 PN 结的温度最高不要高于 110℃，如果高于 110℃，就会使 LED 的半导体性能受到损坏，发出的光通量变小，所以在使用 LED 时必须保证芯片中的 PN 结温度低于 110℃。为了保持这个温度就要把芯片中产生的热量传导出来（因为它不可能把热量辐射出来或通过对流的方式散发出来）。在封装时要选择好大功率 LED 的热通路，热通路一定是热的良导体，能把热量尽快传递到热沉上（支架），设法让热沉上的散热面积足够大，保持热沉上的温度不要高于 60℃。如果保持 PN 结上的温度在 110～120℃之间，即使在这个温度下 LED 的一些特性受到破坏（如光通量减小、色温变化、波长漂移），当停电不用后，这些性能仍可恢复，如果超过 120℃就不可恢复了。

7.1.5　温度与相对色温的关系

我们知道大功率 LED 器件点亮时温度会升高，它的色温会发生变化，一是荧光粉受热后由蓝光激发的黄光会变小，这样蓝光与黄光混合的色温就发生变化；二是蓝光芯片受热后的蓝光波长会随温度变化而漂移，这样激发荧光粉产生黄光也会发生变化，结果漂移后的蓝光与荧光粉激发出的黄光混合。因为波长和强度都发生了变化，所以色温也发生了漂移，出光的相对色温就不是原来时的色温了。

相对色温产生漂移、不稳定，对灯具来说，是不可接受的，刚点亮是一个色温，点亮 4 小时后变成另一种色温，这种灯具用户是绝对不会认可的。LED 灯具点亮一段时间后，芯片 PN 结的温度与灯具散热片的温度可达到稳定平衡，这时发出光的质量也就稳定了。

7.1.6　热阻与使用寿命的关系

我们知道大功率 LED 器件热阻低，即芯片中 PN 结的热量很快就会传导出来，其温度就不会一直升高，这样就可以保持 LED 芯片 PN 结的温度低于 110℃，对大功率器件来说，无论是色温、光强输出都能保持稳定，大功率 LED 使用寿命也更长。

目前市场可见的大功率 LED 热阻有 5～20 ℃/W。对大功率 LED 器件来说热阻低，LED 器件使用寿命就长。做成灯具时要考虑到整体灯具散热系统，就是说大功率 LED 器件 PN 结中的热量被传导到热沉时，能不能把热沉上的热量散出去是关键，否则达不到降低温度延长寿命的要求。虽然大功率 LED 器件到热沉的热阻很低，但是灯具散热系统不好，温度还是无法降低，最终还会反馈到 PN 结，使大功率 LED 器件 PN 结温度无法降低。

在使用大功率 LED 器件时，我们必须处理好以上几个关系。这几个关系中，关键是恒流驱动问题，驱动大功率 LED 的电流一定要设计适中，使之电流稳定。电流稳定了，产生的热量也就稳定了。若能保持散热通道顺畅，温度也就稳定了，这样大功率 LED 发出光的相对色温、光强的均匀度，色温的均匀度都不会变化，整个照明灯具系统就比较稳定，整个灯具使用寿命也会延长。目前大功率 LED 的使用寿命可达到 3 万小时，灯具设计得好，散热有保证，3 万小时的寿命才有保证。

7.2　大功率白光 LED 驱动电路

7.2.1　大功率白光 LED 驱动电路的要求

（1）LED 的广泛使用必须给它合适的驱动电流，这种电路要具有简单的电路结构，较小的体积。为了达到省电的目的，电源本身的转换效率要高，尽量减少由于电源本身发热给 LED 带来损害。

（2）驱动电路的输出参数（电流、电压）要与被驱动的 LED 的技术参数相匹配，满足整个系统大功率 LED 的需求，并且有较高精度的恒流控制，有合适的限压功能，多路输出时每一路输出都要能够单独控制。

（3）大功率 LED 的驱动电路具有线性较好的调光功能，以满足不同应用场合对 LED 发光亮度调节的要求。

（4）在整个灯具用电系统产生异常状态（LED 开路、短路、驱动电路本身故障）时，驱动电路能够对供电系统本身、LED 和使用者都有相应的保护功能。

（5）整个灯具驱动电路工作时，应对其他电路的正常工作干扰小，以满足相关的电磁兼容性要求。

7.2.2 大功率 LED 的驱动电路

1. 稳压电源+镇流电阻的驱动方式

如图 7-4 所示，V_{in} 为稳压电源的电压，R 是限流电阻，V_F 是每个发光二极管通过 I_F 时的正向电压。

$$R=(V_{in}-YV_F)/XI_F$$

式中，I_F 为 LED 的正向电流，V_D 为每路选择电流大小的限流电阻压降（也可是防反二极管的压降），Y 为每串 LED 的数目，X 为并联 LED 的串数。

这种电路效率低、调节性差，但电路简单、体积小、成本低，能满足一般要求。这种电路效率大约为 50%，只能用于一般小功率、短时间照明，如 LED 手电筒、应急照明灯等。

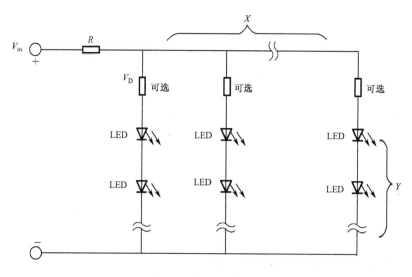

图 7-4 电阻限流电路

2. 稳流电源 V_d + 限流电阻 R

图 7-5 所示为并联型线性调节器，又称为分流调节器（图中仅画出一个 LED，实际上可以负载多个 LED 串联），它与 LED 并联，当输入电压 V_d 增大或者 LED 电压减小时，通过分流调节器的电流将会增大，这会增大限流电阻 R 上的压降，使通过 LED 的电流保持恒定。

图 7-6 所示为串联型调节器，当输入 V_d 增大时，调节动态电阻增大，以保持 LED 上的电流恒定。

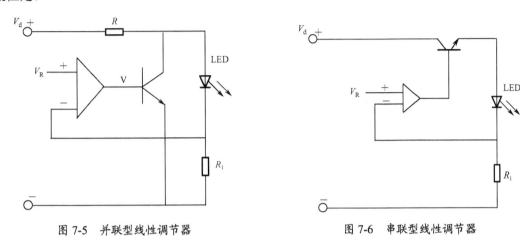

图 7-5　并联型线性调节器　　　　　　　图 7-6　串联型线性调节器

在上述两种电路中，受输入电压 V_d 的限制，本身效率低。在用于低功率的普通 LED 驱动时，由于电流只有几十毫安，因此损耗不明显。当电流有几百毫安甚至高达几安培时，功率电路的损耗就成了比较严重的问题。由于效率很低，则发热厉害。这会影响电源本身的效率和 LED 的正常工作，所以这种电路不适用于大功率 LED 的驱动。

3. 开关型驱动电路

图 7-7、图 7-8 和图 7-9 的功率变换器都可以用于 LED 驱动，只是为了满足 LED 的恒流驱动需要，用了输出电流进行反馈控制，由于上述三种电路由开关电源输出，所以效率高达 90%以上。

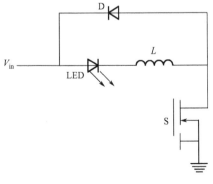

图 7-7　BUEK 变换器

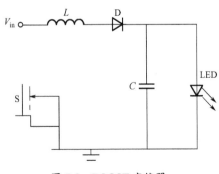

图 7-8　BOOST 变换器

图 7-7 中的 V_{in} 为输入开关电源的电压，要求这个电压高于 LED 的电压，当 S 接通时，电流流经 LED 和电感 L 由 S 接地，而当 S 断开，电流在 LED 和电感 L 和二极管 D 之间放电。由于这个电路简单且不需要输出滤波电容，因而降低了成本。

图 7-8 中的 V_{in} 为输入开关电源的电压，当 S 接通时，通过电感储能将输出电压提升到比输入电压更高，这个电路可以用在输入电压比 LED 点亮要求电压低的场合。

图 7-9 采用了 BUEK-BOOST 变换器来驱动 LED，当 S 接通时电源 V_{in} 对电感 L 进行储能，而当 S 断开后，电感 L 上的储能通过二极管 D 经过 LED，这样可以提升输出电压的绝对值，所以当输入电压 V_{in} 较低，并且需要驱动多个 LED 时应用此电路。

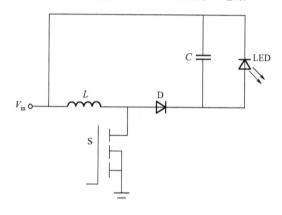

图 7-9　BUEK-BOOST 变换器

4. 调光控制电路

通过 LED 电流 I_f 幅值不变，只改变 I_f 单位时间电流脉冲宽度的方式来调光，这样不会改变其发光的光谱所造成的白光的偏色。

（1）脉宽调制方式：这是一种常见的调节 LED 亮度的方式，通过改变加在 LED 上的矩形脉冲电源的宽度，使 LED 上得到的平均电流在较大的范围改变，可以获得较大范围的调光效果。

（2）频率调制方式：这是另一种调节 LED 亮度的方式，保持加在 LED 上的矩形脉冲电流幅度不变，宽度不变，通过改变单位时间加在 LED 上矩形脉冲的个数，使得 LED 亮度具有较大范围的调节。

（3）位角调制方式：位角调制是采用一串含有二进制序列脉冲，并且序列脉冲的每一个宽度都按照其位角的比例来延展，通过改变单位时间加在 LED 上的矩形脉冲宽度，使 LED 上得到的平均电流在较大的范围内发生变化，来调节 LED 的亮度。

7.2.3 典型的应用电路

1. 具体电路讨论

图 7-10 为 MLX10801 的典型应用电路，LED、L、D2、R_{sense} 和 MLX10801 内集成的 MOSFET 组成一个典型的 BACK 型 LED 驱动电路。图中可以根据亮度需要采用多个 LED 串联，MLX10801 通过检测 R_{sense} 上的电压来检测通过 LED 的峰值电流，将该电流值与设定的基准值比较，通过控制引脚 7 DRVOUT 的脉宽来控制 LED 电流大小，CONTR 可以用做外部的开关控制，或者输入 PWM 信号来控制 LED 的闪烁。当不需要控制时，可以将该引脚通过电阻 R 与引脚 VS 相连。DSENSE 用于连接外部的热敏电阻检测 LED 温度，保护 LED。虽然 MLX10801 芯片内部具有内置热敏电阻，但是为了保证芯片与 LED 相距较远时仍能够正确检测到温度，MLX10801 设置了引脚 DSENSE 来实现远距离温度的检测。引脚 LALIB 用来与控制器通信，接收控制器设定 LED 的电流，允许最高温度，控制采用内部温度检测还是外部温度检测，是否防抖、软启动时间等参数。

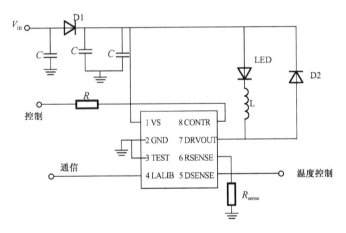

图 7-10 MLX10801 的典型应用电路

MLX10801 的引脚功能见表 7-1。

表 7-1 MLX10801 的引脚功能

引　脚	名　称	功　能
1	VS	电源输入
2	GND	地
3	TEST	当测试模式使用时进行 MELEXLS 测试，在具体应用时接地
4	LALIB	串行时钟/数据写入，可以设定 LED 的驱动电流、开关频率、上电复位延时时间、温度保护值、内部/外部温度检测选择
5	DSENSE	外部温度检测输入
6	RSENSE	外部电流峰值检测输入，用于恒流源的反馈控制
7	DRVOUT	PWM 输出，用于开关电源的开关驱动
8	CONTR	亮度控制输入，开/关控制，PWM 亮度控制或睡眠状态

2. AC/DC 转换器

我们在使用大功率 LED 时，最常见的是将市电电压 220 V 变成大功率 LED 适用的电压，就是从交流 220 V 变成直流 6 V、12 V 或 24 V。这种电压变换器，要求体积小，散热好，不影响 LED 的正常工作。目前照明用的光源，大部分是如 E27 的灯头大小，这种灯头要是装上 3～10 W 的 LED 光源，在体积方面和散热方面就比较难解决了。目前市场上有这样的集成电路，如 LM2734 集成电路，它体积小，可靠性高，输出电流可达 1 A，适合灯口直径小的特点，LM5021 集成电路比较适合用做舞台灯和路灯。

3. DC/DC 变换器

这种变换器电源本身输入就是直流的电压，如何变换成大功率 LED 适用的电流和电压，这也是我们常遇见的问题。如 LED 手电筒，目前大量采用 1W 的 LED，用锂电池和镍锌电池作为电源，在开始使用时电池的电压可能比 LED 的基准电压高，用了一段时间电池电压变低了，这就要采取稳压电路和升压电路来解决问题，如集成电路 LM3475、LM2623A 和 LM3485 等就比较适用。但目前电流还只能在 1 A 之内，如果电流大了，散热就有问题，要求手电筒体积更大了。

目前要寻找适合于 LED 用的电流和电压的集成电路比较难，有的电路可以自己设计，如下面我们举例用 6 V 的电池组点亮 7 个串联 LED 的电路。采用这种电路可以根据串联 LED 所适用的电流和电压来选择分立元器件的电阻、电容和三极管。

图 7-11 为由 7 个 LED 串联和一个 4×1.5 V 的电池组组成的电源线路图，这个电路可以分

为两个部分。由 Q1 和 Q2 组成的升压电路，以及由 Q3 和 JFET1 组成的控制电路。假设 Q1 截止，当电池电压略高于 Q2 的 V_B 时，Q2 基极将流过正电流（I_B=电池电压 V_B/R）此时，Q2 导通，电感 L_1 接地。随着 L_1 上的电流 di/dt 的速度增大，能量在 L_1 磁场中保存起来。随着电流逐渐增大，它也流过 Q2 的电阻 R_{SAT}（SD1 和 LED 串处于截止状态），Q2 的集电极电压足够高，能使 Q1 导通，Q1 的基极电压通过由 R_1 和 C_1 组成的前锁网络连到 Q2 的集电极，R_1 也被用来限制 Q1 的基极电流。

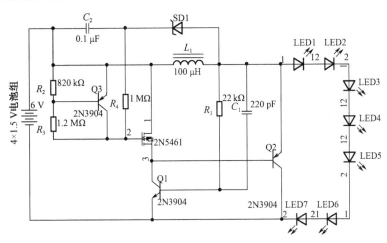

图 7-11　电池组组成的电源线路图

Q1 导通后驱动 Q2 的基极接地，于是 Q2 截止，L_1 的能量随着磁场减弱被释放到 LED 串联电路中，L_1 的快速回零动作在 LED 串联电路上施加了高于 26 V 的正向偏置电压，使 LED 发光。由于人眼感觉不到 LED 的高频闪烁，所以电路可提供亮度恒定的照明。此处 L_1、Q2 的 R_{SAT} 和 Q1、Q2 的开关特性也会影响振荡周期和占空比，电池组（4 个 1.5 V 碱性电池）的电压被提高到 26 V 以上，以便使 7 个串联的 LED 处于正向偏置。

流经 R_4 的小电流（不到 20 μA）对 Q3 进行偏置，以调节 JFET1 的通道电阻，从而调节电池漏电流以延长电池寿命，JFET1 的栅极电压比电池电压高 0.9 V 左右，这里 P-JFET1 被用做耗尽型器件，当 VGS 等于零时，P-JFET1 导通。

当电池组电压从 6 V 下降到 3 V 时，振荡频率下降，此时 LED 的亮度略微下降，但人眼对光的灵敏度，服从准对数关系，因此在电池组电压下降到 2 V 左右时，人眼是不会感觉到的。

7.3 大功率 LED 与驱动电路的配合

7.3.1 驱动器要适合 LED 的工作特性

大功率 LED 是低电压大电流的驱动器件，当 LED 电压变化很少时，通过大功率 LED 的电流变化很大。如图 7-12 所示，而 LED 发光的强度由流过 LED 的电流决定，电流过强会引起 LED 的衰减，电流过小会影响 LED 的发光强度，因此 LED 驱动要提供恒流电源，以保证大功率 LED 使用安全，发光稳定。

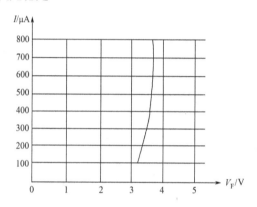

图 7-12　LED 电压与电流的关系

G220C600W 03S01 驱动器，提供一个脉冲恒电流电源，其电流脉冲的频率和占空比可以调整，该驱动器提供恒定的电流充分可控。由于采用脉冲供电，LED 处于间歇工作的状态，LED 灯体温升较慢，延长了大功率 LED 的使用寿命。另外，该驱动器是高频工作，充分利用了 LED 内荧光粉的余晖效应，不但不会有光的闪烁现象，还进一步提高了 LED 的发光效率，提高了大功率 LED 的光通量。

7.3.2 大功率 LED 驱动器要可靠

目前 LED 灯具出现的质量问题，大部分与驱动器有关。LED 的寿命是几万小时，但是驱动器的寿命只有 1～2 万小时。驱动器损坏必然要导致 LED 不能正常工作。实际分析都是驱动器方面出现了问题，才引起 LED 的损坏，所以对 LED 驱动器要有更高的要求，并在整个 LED

灯具设计时对驱动器要进行保护。

1. 开路保护、短路保护

驱动器与 LED 连接时，有可能发生开路或短路情况，应当对驱动器的输出电流进行恒定电流的控制，一旦驱动器的输出电流超出 ±5% 的波动，就要对驱动器进行保护。

2. 过温保护

在驱动器内部应安装一个过温保护，当温度升至某一个数值时，就能自动切断电源，保护驱动器不会因温度升得过高而损坏内部元器件。

3. 浪涌保护

在实际应用中，电网的浪涌电压有可能存在，尤其在雷电季节，雷电的浪涌电压会通过电线传导到驱动器内。在设计电源及 LED 灯具时，要考虑在整个电路中加上浪涌保护，避免出现异常而造成一定的破坏。

4. 隔离保护

LED 是低电压的产品，而整个灯具都是由市电作为电源的，无论市电是 110 V 或 220 V 都属于高压电，所以在灯具设计时要考虑对人体的安全。整个电路需要隔离，电源部分与 LED 灯具人体接触部分必须高绝缘，在电压高达 1 500 V 时，能保护灯具与人体接触部分不带电，也就说 LED 灯具驱动器与 LED 灯具外壳必须符合灯具的安全标准。

7.3.3　大功率 LED 驱动器要高功率因素

功率因素是在负载上的电压和电流波形之间的相余弦（若电压波形和电流波形的相角差为 ϕ，则 $\cos\phi$ 便是电源的功率因素），加在负载上的电压和电流波形之间存在相位差，导致的结果之一是供电效率降低，即产生所要求的电力需要输入更大的电力。另一个结果更严重，那就是电压和电流的波形差产生过多的高次谐波，大量的高次谐波反馈到主输入线（电网），造成电网被高次谐波污染，成为恶性事故的隐患。同时这种高次谐波也会扰乱控制系统里的敏感低压电路。

随着节能理念的深入人心，大功率 LED 的发展日趋成熟，"功率因素"的指标也被 LED 电源驱动行业提上议题。目前基本上所有的电源都有功率因素指标。

7.3.4 大功率 LED 驱动器要高效率

在一般的 RC 电路中，驱动 1 W 的 LED 需要 9 W 的输入功率，整个的效率才百分之十几。目前用开关电源做成的驱动电路来点亮大功率 LED，其效率可达 80% 以上，如果多个 LED 采用串并联，则使用效率将会更好，可达 90% 以上。

从图 7-13 可以看出电源驱动一个 LED 比驱动三个 LED 效率低，在电路设计时可作为参考。

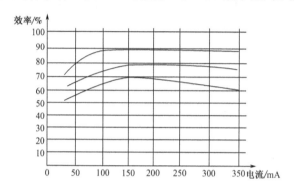

图 7-13　电路电源驱动 1～3 只 LED 时的不同效率

7.3.5 大功率 LED 驱动器要长寿命

大家知道 LED 是半导体器件，如果驱动器符合它的要求，寿命可达 5 万小时以上，但是 LED 做成灯具后，驱动器元件出问题就影响整个灯具的寿命，所以对驱动器要求长寿命是很合理的。

7.4 本章小结

大功率 LED 最突出的优点是节能、寿命长，要把大功率 LED 应用好，首先要了解其特性，把大功率 LED 几个参数之间的关系搞清楚，然后选择适合大功率 LED 要求的驱动电源。选择适合大功率 LED 使用的驱动器时要注意 5 大要素，只有驱动器符合 5 大要素，才能达到节能、长寿命的目的。

第8章

大功率 LED 的应用

8.1 太阳能 LED 照明灯

我国人口众多、住宅数量相当大，照明用电量十分可观，而太阳能是最普通的能源，取之不尽用之不竭，且清洁无污染；安装一次投资无须日后电费开支；无须架设输电线路或挖沟敷设电缆，可以方便地安装在广场、山顶、公园等地方。

太阳能 LED 照明系统由太阳能电池、蓄电池、控制器、DC/DC 转换模块、LED 灯具组成，如图 8-1 所示。

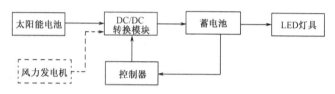

图 8-1　太阳能 LED 照明系统结构图

8.1.1　太阳能电池

太阳能电池通过半导体 PN 结的"光生伏效应"将太阳能直接转化为电能，供负载使用或储存于蓄电池内备用。太阳能电池的基本种类有单晶硅、多晶硅、非晶硅太阳能电池等。近几年太阳能电池有很快的发展，原来半导体硅片光转变为电的效率只有 10%～20%，现在光电转换效率可达到 30%～40%，半导体硅片光电转换效率的提高也有利于做成太阳能 LED 灯具后出光效率的提高。

但是有时会遇到连续 10 多天的阴雨天没有阳光，就无法保证 LED 灯具正常工作了。现在很多地方采用风光互补型太阳能电池，即在太阳能电池旁再装一个风力发电机，如果阴天没有太阳时，由风力发电机发出的电来对蓄电池进行充电，这样可保证蓄电池的电量，也可保证 LED 灯具能正常使用。风力发电机只要有 3～4 级风就可以正常发电。由于风力发电机发出的电可以对蓄电池进行充电，所以风光互补型的太阳能照明系统受到很多人青睐。

8.1.2 DC/DC 转换模块

在传统的照明系统中，太阳能电池输出的电能直接经过控制器进行电压及电流调节，并对蓄电池进行充电。但是，由于日照强度、环境及负载的变化，太阳能电池板输出的直流电压不稳定，容易造成低电压而得不到很好利用，控制器调节难度大，因此要设计 DC/DC 转换模块进行稳压。

DC/DC 转换模块通过控制器开关器件的导通和关断时间，配合电感、电容或高频变压器等元件，以连续改变和控制输出直流电压。考虑到蓄电池的内阻，可选用 12 V 蓄电池，设定 DC/DC 转换后的电压为 15 V。

当太阳能电池板的输出电压在 5～20 V 时，通过 LM2575-15 芯片集成电路转换为 15 V，最大输出电流为 1 A，最大输入电压为 45 V。

L4960 是开关电源稳压芯片，输出电压为 5～40 V，输出电流为 2.5 A，其内部功能电路主要包括 5 V 基准电压源、误差放大器、锯齿波发生器、PWM 比较器、功率输出级、软启动电路、输出限流保护电路以及芯片过热保护电路。图 8-2 所示为具体应用电路。当输出电压 V_o 不通过 R_3、R_4 直接与 2 脚连接时，V_o 输出固定为 5 V 电压。如果要输出大电流，可以将多片 L4960 芯片并联使用或者外接大功率开关管来实现。

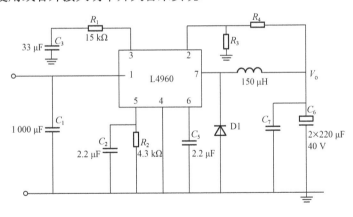

图 8-2 L4960 应用电路

8.1.3 蓄电池

我们确定蓄电池输入电压为 12 V，如果放在高处，最好选择不加液的蓄电池，如果放在低处可以选择加液的蓄电池。一般蓄电池在放电时硫酸不断减少，电池中生成水，池中的电解液比重降低，而充电时则相反；但在实际中不易操作，大多数采用测定蓄电池端电压的方法来确定蓄电池的荷电状态。根据电化学理论计算和实验结果，铅蓄电池开路电压（电动势）E 与电解液比重 d 具有以下关系：

$$E \approx d + K_2$$

式中，K_2 为常数（在温度为 25℃和 15℃时 K_2 分别为 0.84 和 0.85）。但蓄电池在实际运行时，由于不可能断掉负载或充电装置来测量开路电压，因此，只能测量蓄电池的闭路电压（端电压）来判断荷电状态。目前光伏系统均采用这种方法。

蓄电池充电方式有以下几种。

（1）恒流充电（快充）：以恒定电流对蓄电池快速充电。

（2）恒压充电（慢充）：以恒定电压对蓄电池充电，此时充电电流按指数规律下降。

（3）涓流充电：以约 0.095 C 的充电电量对蓄电池充电。

蓄电池的充电电流、电压曲线如图 8-3 所示。

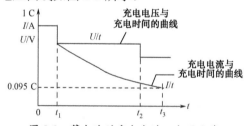

图 8-3　蓄电池的充电电流、电压曲线

8.1.4 控制器

系统中控制器具有两个作用：检测太阳能电池板的输出电压，选择适合的 DC/DC 支路；检测蓄电池的电压值并实时显示，根据蓄电池的荷电状态，选择合适的充电方式，为蓄电池提高过充电和过放电的保护。

控制器原理图如图 8-4 所示。

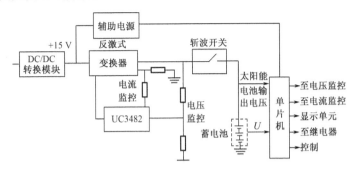

图 8-4　控制器原理图

系统采用 ATMEGA8L 单片机作为主控元件，电压检测电路由精密电阻和可调电阻构成，由于该单片机 A/D 测量的最大设定范围为 5 V，因此要把蓄电池电压成比例缩小到 5 V，再利用其 A/D 转换功能进行转换。辅助电源模块通过电压的转换，为单片机提供工作电压，采用单片开关电源稳压芯片 L4960，将经 DC/DC 转换后的 15 V 电压转变为 5 V 工作电压。

在应用系统中，使用的显示器主要有 LED 和 LCD，这两种显示器成本不高，配置灵活，与单片机接口方便。在这里采用 T6963C 液晶显示模块，用户需了解内置控制器 T6965C 的各种数据指令格式，显示存储器的区间划分和接口引脚的功能定义。

蓄电池过放电、过充电保护电路如图 8-5 所示，开关器件 T1 并联在太阳能电池的输出端，当蓄电池电压大于"充满切断电压"时，开关器件 T1 导通，同时二极管 D1 截止，则太阳能电池方阵的输出电流直接通过下旁路泄放，不再对蓄电池进行充电，从而保证蓄电池不会出现过充电，起到过充电保护的作用。

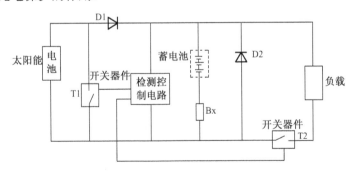

图 8-5　过放电、过充电保护电路

D1 为防反充电二极管，只有当太阳能电池方阵输出电压大于蓄电池电压时，D1 才能导通，反之 D1 截止，从而保证夜晚或阴雨天时不会出现蓄电池向太阳能电池方阵反向充电，起到防反向充电保护作用。

开关 T2 为蓄电池放电开关，当负载电流大于额定电流而出现过载或负载短路时，T2 关断，起到输出过载保护和输出短路保护作用，同时当蓄电池电压小于过放电电压时，T2 也关断，进行过放电保护。D2 为防反接二极管，当蓄电池极性接反时，D2 导通使蓄电池通过 D2 短路放电，产生很大电流而快速将熔断器 Bx 烧断，起到防蓄电池反接保护作用。

图 8-4 由脉宽调节芯片 UC3842 结合反激式 PWM 变换电路进行充电电流和电压控制，UC3842 为电流型脉宽调制器，具有引脚数量少、外围电路简单、安装与调试简便、性能优良、价格合适等特点。

其工作原理是单片机通过实时检测蓄电池的端电压值 V，来判断蓄电池的荷电状态，从而选择适合的充电方式。当 $V<V_1$ 时，单片机控制斩波开关导通，通过电流监控电路，以恒定电流对蓄电池充电；当 $V_1<V<V_2$ 时，单片机输出 PWM 控制信号，控制斩波开关以固定占空比导通，以恒定电压对蓄电池进行充电；当 $V_2<V<V_3$ 时，单片机输出 PWM 控制信号，使充电电量对蓄电池进行涓流充电。$V_1<V_2<V_3$ 为充电模式下三阶段的蓄电池端电压限制。

对于太阳能 LED 照明灯，只要把太阳能电池的 DC/DC 转换模块、蓄电池、控制器及 LED 灯具设计好，太阳能 LED 照明灯的质量绝对是可信且有保证的。目前很多厂家在做太阳能 LED 灯具，这项工作做好了，对节能减排很有意义。

8.2　LED 隧道灯

我国高速公路发展很快，全国已形成了东西南北交错的高速公路网。近几年来，中央交通部门又提出我国乡村一级要做到村村通，这样全国的公路交通网更是四通八达，公路交通的发展对公路隧道灯的照明提出了更多、更高的要求，在隧道灯节能降低费用方面也提出了新的要求。因为隧道灯基本是每天 24 小时都要开着，原来采用钠灯，一般每盏消耗功率都在 150 W 以上，全国隧道灯方面的用电算起来也是十分可观的。从目前有些隧道使用 LED 灯的情况来看，一般 LED 隧道灯耗电为 50～60 W，就相当于原来用钠灯 150 W 的照明效果，所以大力推广 LED 隧道灯的使用对节能减排而言是一项十分有意义的事情。

8.2.1　隧道灯照明的基本要求

隧道灯照明就是让驶入隧道的司机能适应道路亮度的变化，所以隧道的进、出口灯光照明要求与白天路面的亮度要有光线过渡阶段。隧道进、出口处大约几十米到一百米处要求亮度与白天路面的照度有一个过渡段。在隧道中间要求灯光照在路面上的光强达到 1 cd/cm²，这样才会使驾驶员进、出隧道时视觉感觉有过渡，避免因进出隧道亮度不一样，产生视觉不舒服或产生错觉。隧道照明一定不能有眩光，因为眩光会引起眼睛的不舒服和视觉错乱。

隧道内的照明还与车流通量有关，流通量大则照度要强，流通量不多时要维持路面光强为 1 cd/cm²。如果是两车道以上的隧道，因为路面宽，应在道路两边装侧面灯。隧道灯一般每天 24 小时都要开，但是根据交通的实际情况，下半夜至凌晨车流量较少时，这段时间可以将照度降低一些，有利于节约用电。

8.2.2　对 LED 隧道灯的要求

LED 灯具节能、效率高、寿命长、无污染、体积小、不易破碎，这是它具有的优点，但 LED 隧道灯有它特殊的要求。

隧道灯一般挂在 5～8 m 高处，LED 隧道灯功率要求在 50～60 W，单车道挂在隧道中央顶上，灯光照在地面上的光斑范围约为 20 m×8 m，在光斑范围内要求 3～1 cd/cm² 的光强，均匀度应在 0.6 以上。

LED 隧道灯的出光效率要达到 80%以上。LED 隧道灯必须要分时间来控制不同的亮度，控制亮度变化的自动开关可以在整条隧道中 LED 灯具全部安装后统一安装。

LED 隧道灯使用寿命当然是越长越好，目前市场上商品化的大功率 LED 灯具寿命应当在 3 万小时以上，防护等级要求达 IP65。

LED 隧道灯是安装在隧道中，所以在进行 LED 灯具设计时应当考虑不能因为出现故障而使全部灯都不亮，这样会影响隧道照明，严重时会使整条隧道交通中断。在设计 LED 光源驱动时应分几路。如一个 50 W 的 LED 隧道灯，一般是用 40 个 1 W 的 LED 功率管组成，设计时应考虑分 5 路来驱动点亮，每组驱动 8 个 LED，一旦发生问题，最多在 1 个 LED 灯内只有 8 个 LED 管子不亮，而对整个灯具的照度只影响 12%。

LED 隧道灯应便于维修，所以安装方面既要牢固可靠，也要考虑到便于取下维修。同时设计时要把驱动电源部分放在隧道灯的壳体外，一方面便于判断是电源部分出现故障还是 LED 管子出现故障；另一方面便于维修和散热。

8.3　LED 路灯

近几年来，LED 路灯发展很快，很多 LED 灯具厂都生产 LED 路灯，但毕竟是刚起步阶段，各厂家生产的 LED 路灯各式各样，没有统一模式；在技术指标上也没有统一标准，各有千秋。

8.3.1　LED 路灯的基本要求

（1）社区、公园、庭院内道路使用的 LED 路灯一般挂得不高，在 2～4 m 之内；对 LED 灯的功率要求不太大，一般采用 10～20 W 的白光 LED 即可；色温一般是 5 000～7 000 K。但对这类 LED 灯具要求美观大方，便于管理和维护，并且对 LED 灯具的外壳颜色和款式要求较严格，要根据社区、公园、庭院的色调来选择。

（2）城市郊区的支路灯一般挂高 4～6 m；每根灯杆相距为 30～40 m；LED 路灯功率一般在 60～100 W；色温为 6 000～9 000 K；每个 LED 路灯照在地面上的光斑直径为 25～30 m；光斑中心照度一般为 20～25 lx；光斑边缘照度一般为 5～8 lx。

（3）主干道路灯一般挂高 8～12 m；每根灯杆相距为 30～40 m；LED 路灯的功率一般为 120～200 W；色温在 6 000～9 000 K 之间；照在地面上的光斑直径为 25～30 m；光斑中心照度为 15～20 lx；光斑边缘照度为 4～5 lx。

目前 LED 路灯规格花样多，但通常对路灯的灯具总的要求是美观大方；便于管理和维修；防雷击、防漏电也是十分重要的安全指标；防护等级要求 IP65 以上；电光效率一般在 80% 以上；目前要求的使用寿命为 30 000～50 000 小时。在供电困难的地方也可采用太阳能路灯和风光互补型 LED 路灯。

8.3.2　LED 路灯的几种做法

（1）前期的 LED 路灯一般采用 φ5 LED 白光做光源，这是因为前几年的 LED 路灯是由 φ5 小功率白光 LED 组合而来的，φ5 LED 白光 1 W 的光通量比大功率 1 W 白光 LED 的光通量高，价格也比大功率 1 W 白光 LED 的低。但是 φ5 小功率 LED 组装起来后整个灯具散热比较困难

（如用小功率 LED 芯片直接焊在铝基板上，散热还好），影响 LED 灯具的寿命，而且用 φ5 小功率 LED 个数较多会造成故障率高；在色温均匀度、光强均匀度、调光方面有许多问题难以解决。从当前来看，用 φ5 白光 LED 做成大功率 60～150 W 的路灯没有优势。

（2）近几年大功率白光 LED 发展很快，目前 1 W 大功率白光 LED 的光通量可达 70～90 lm，色温在 2 500～12 500 K 之间可选。热阻达到 4～5℃/W。用 1 W 大功率白光 LED 光源做成的 60 W LED 灯，总的照度效果与 150 W 钠灯相当，但比钠灯省电 50%，使用寿命也比钠灯长，所以目前用 1 W 白光 LED 做成的大功率路灯使用效果较好。

总的来说，采用大功率白光 LED 做成灯具，主要还是控制好驱动电流；电流要恒定；灯具的散热系统要设计好、做好；灯具温度要控制在一个范围内；LED 的 PN 结的温度也要控制。这样大功率 LED 灯具使用的寿命就可以得到保证，发光质量也可以得到保证。

（3）目前有用 0.2 W 蓝光 LED 芯片直接封装在陶瓷片上，组成宽约 6 mm、长约 15 mm 的光源条；每条 LED 的功率在 1.2 W；光通量为 80～100 lm。采用这种光源做成的路灯，其散热系统利用铜管，在里面装上液体和铜粉，并把管内抽成真空，然后利用这种管子进行散热，热阻一般可达 0.5 ℃/W。利用这种方式做成的 LED 灯具体积小、散热好、使用寿命长，是目前较好的一种路灯。

8.4　大功率 LED 在室内照明的应用

目前用于室内照明一是白炽灯，二是荧光灯，这两种灯一直主导着室内的照明，白炽灯的优点是价廉，发光的连续性好；但其故有的缺陷是效能很低，只有 5%的电能转换成光，光谱中含有紫外线和红外线，尤其夏天会使人感到热。由于灯丝发光较集中，容易产生眩光，人眼受到眩光影响后，会感到刺激和压迫，失去明快舒适的感觉，对视力有不利的影响。白炽灯直接利用工频交流电发光，其工频频闪也容易造成眼睛疲劳和近视。

主导照明的另一种灯具就是荧光灯，这种灯的优点是在发光效能上有很大的提高，发光面积大，被照射面光线较均匀；但其缺陷是显色指数低（一般为 60～70），影响眼睛对颜色的分辨能力，容易造成视觉疲劳，频闪效应更加严重；特别在学习时光的显色指数要大于 80，否则长时间在这种照明环境下学习阅读会有眼胀头痛等不适症状，对人的视觉系统易造成损伤。

以上两种传统主导照明光源会对眼睛产生危害。目前，在校学生近视率越来越高，近视年龄越来越提前，根据全国学生体质健康研究的调查结果，小学生的近视率在 41%以上，初中生近视率为 67%，高中生近视率为 79%，其中一个很重要的原因与学习用的照明灯具有关。

8.4.1　大功率 LED 在室内照明的优势

近几年来用大功率 LED 做室内照明光源的灯具越来越多，如大功率 LED 做成日光灯、台灯、床头灯、交通工具（汽车、飞机、火车）上的阅读灯，这都是近几年发展起来的新型半导体固态照明灯具，这些灯具有以下特点：

（1）效率高。目前白光 LED 的发光效率已达到 100 lm/W，是白炽灯的 7 倍，荧光灯的 2 倍；使用寿命是白炽灯的 109 倍，荧光灯的 7 倍。未来几年 LED 的光效将达到 200 lm/W，远高于荧光灯、高压钠灯及金卤灯，而且 LED 的光谱几乎全集中于可见光波段。

（2）光线质量高。由于光谱中没有紫外线和红外线，故没有热量，没有有害辐射，不会给人眼带来负面影响，长时间阅读和工作也不会有眼睛不适的现象。

（3）显色性好。与荧光灯相比，大功率 LED 的显色指数高，通常在 80 左右，这样有利于减轻人眼的疲劳程度，对保护视力有很大的帮助。

（4）维护成本低。LED 寿命长，光通量半衰期寿命一般在 3 万小时以上，一般可正常使用 5 年以上。

（5）与蓄电池配合，很容易做成应急灯。绿色环保，废弃物可回收，没有污染，不含汞、铅成分。

虽然大功率 LED 有这么多优点，但是并不容易制成较好的 LED 照明灯具。因为其特性，大功率 LED 灯具目前还没有国家标准可以作为设计依据，大功率 LED 光源、LED 灯具设计应用是一个多学科的融合，主要是对大功率 LED 的性能和参数、电路设计、光学设计、热设计、结构设计、生产工艺等都要统筹考虑。这里给出一些室内 LED 照明灯的设计要点以供参考。

8.4.2　室内大功率 LED 照明灯具设计要点

1. 大功率 LED 的选用

目前可以选用发光效率大于 70 lm/W 的大功率 LED，做成日光灯或台灯；照在桌面上或读物面前要有 300～500 lx；色温可选用 4 000～5 200 K，高度暖白色的大功率 LED 比较适合，这种色温范围的光线柔和，使人感觉轻松舒适，如选用色温为 3 500～4 200 K，则光线稍微偏红，更加柔和，更适合小学生使用；而 4 500～5 200 K 的色温更适合中学生及其以上年龄的人。

2．驱动电源的要求

一般选用开关电源恒流驱动，开关电源效率高；恒流驱动保证了大功率 LED 能稳定工作，不会有频闪效应，同时恒流驱动能使 LED 发出稳定的光线，使阅读舒适。

3．照度控制装置的设计

照度太低或太高会导致阅读的困难，容易造成视觉疲劳，影响阅读和工作效率。LED 的照度控制有两种办法：一种是 PWM 技术，即通过改变 LED 点亮时间的占空比来改变光亮度的方法，这种方法可能会带来新的频闪问题（其实变化频率在几千赫时，不会频闪）；另一种办法是改变 LED 发光体数量或改变通过发光体 LED 的电流大小来调节亮度，由人工手动旋转开关控制或光控电路自动控制，该办法简便易行。

4．高效能的 LED 灯具光学系统

优质的 LED 灯具一定要有高效能的光学系统，用做室内照明灯上主要是克服 LED 点发光产生的眩光，可以采用反射效率高、稳定性好的反射器。反射器经过阳极氧化处理使反光效率完全发挥出来，使得从 LED 发出的光线通过反射器或透镜等光学器件重新分配出来的光比较均匀。使用透光率高的混光材料做灯罩，既可保持光学系统的高效率，又可减少眩光。

5．LED 灯具散热系统的设计

大功率 LED 灯具使用寿命完全要依据散热系统来保证，首先要选择热阻低的大功率 LED，然后考虑大功率 LED 装在灯具上能否把 LED 发出的热量通过散热系统传导出来。灯具散热器面积要足够大，这样可让 LED 发出的热量尽快传导到灯具散热器上。灯具散热器要尽快把传出来的热量散去，还要保证良好的恒定电流驱动和好的散热系统，这样大功率 LED 灯具的寿命和光的质量才能得到保证。

6．控制电磁辐射干扰（EMI）

主要是控制驱动电源在 LED 点亮时不会产生辐射干扰，设计好必要的保护电路，包括电源保护、电源输入雷击保护、市电过压和欠压短路保护，以及输出保护、电源输出过压、过流、短路、开路保护。

LED 保护装置给每个 LED 反向并联一个比结电压高 0.5～1 V 的稳压管可以起到两种作用：一是防止瞬间 LED 发光体上单个电压过高损坏 LED；二是当多个串联的 LED 发光体有一个损坏断路时，此发光体上的稳压二极管导通，以保护其他串联的 LED 发光体正常发光。

综合以上设计要点，这里提供一个低成本的典型驱动电路，如图 8-6 所示。

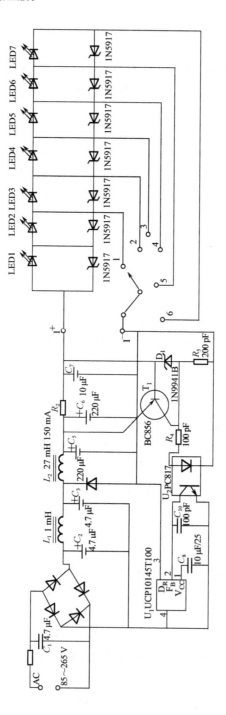

图 8-6　低成本的典型驱动电路

8.5 传统灯具与大功率 LED 灯具性能的比较

8.5.1 白光 LED 的效能

表 8-1 是目前几种灯具同样耗电 1 W 所能发出光的流明数值，当 LED 光源色温为 5 000～6 000 K 时，能发出 70 lm 的光，而暖白光（色温在 3300 K 范围）时只能发出 50 lm 的光，这是目前的情况。现已开始研究低色温荧光粉，在低色温下提高流明数和显色性，到 2010 年就不是这个水平了。

表 8-1　光效比较表

光　源	白炽灯	卤钨灯	CFL 紧凑荧光灯	真管荧光灯	金卤灯	LED 5 000 K	LED 3 300 K
光效/（lm/W）	10～18	15～20	35～60	50～100	50～90	60～70	40～50

8.5.2 各种光源的热量分布

表 8-2 是光源耗电 1 W 所发出的光和热的分布情况，这说明 LED 耗电 1 W 发出的可见光占 15%～25%之间，其他 75%～85%都是产生热量，从表中我们知道，目前 LED 用来发出可见光的能量只占少部分，大部分还是把电能转化为热量，这就给我们提出了一个问题——如何把电能转为光能的比例提高？这就是 LED 研究的方向：一是从 LED 芯片着手研究来提高发光效率；二是从封装的角度来考虑出光效率；三是已产生的热量如何把它传导出去，不使 PN 结温度升高，这三个问题就是我们要研究和解决的问题。

表 8-2　各种光源的热量分布

光　源	可见光/%	红外线/%	紫外线/%	全辐射能/%	热量（传导＋对流）/%	总数/%
60 W 白炽灯	8	73	0	81	19	100
真空管荧光灯	21	37	0	58	42	100
金卤灯	27	17	19	63	37	100
LED	15～25	0	0	15～25	75～85	100

　　热过量将影响 LED 的短期和长期的性能，短期（可恢复）是指色和光输出的偏离，而长期是指加速 LED 的流明衰减会缩短 LED 寿命。温度对不同颜色 LED 的光输出的影响是不同的，琥珀色和红色最敏感，蓝色最少，见图 8-7。

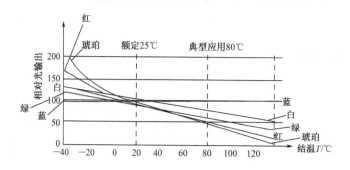

图 8-7　不同颜色 LED 的光输出受结温的影响

　　工厂封装好 LED 后是在 25℃ 室温下测得白光的光色指标数据，若散热设计得不好则损失还要更多。同样的 LED 在相同的工作电流和不同的结温时工作，寿命是完全不一样的。图 8-8 所示为 LED 工作在相同电流但工作结温相差 11℃ 时，光输出随时间变化的情况。

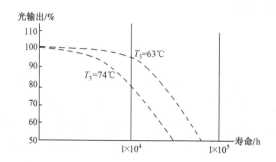

图 8-8　相同电流工作在两种不同 PN 结温下的寿命不同

　　所以 LED 灯具的散热设计很关键，设计时一定要考虑到大功率 LED 基座的热能否传导到灯具散热系统上，使 PN 结的温度传导热沉。热沉与灯具外壳的散热系统紧密接触，使 LED 的热量尽快通过灯具散热系统散去，这样 LED 灯的使用寿命才有保证。

8.5.3　LED 光源寿命与传统光源寿命的比较

就目前来看，LED 光源寿命比其他光源寿命都要长，但为什么用 LED 光源做成的灯具，使用效果和寿命都不令人满意呢？这是因为在做 LED 灯具时，没有处理好驱动电流和灯具热量。确实落实好 LED 灯具的几个关键问题，其寿命一定比其他光源的灯具寿命长。

表 8-3 是 LED 光源寿命与传统光源寿命的比较。

表 8-3　LED 光源寿命与传统光源寿命的比较

光　源	白炽灯	卤钨灯	CFL（紧凑型荧光灯）	金卤灯	直管荧光灯	高功效 LED
典型寿命/h	750～2 000	3 000～4 000	8 000～10 000	2 500～20 000	20 000～30 000	35 000～50 000

8.6　LED 景观灯

LED 投光灯（也叫做 LED 洗墙灯）、LED 舞台灯、LED 地埋灯等这些灯具都属于景观工程上的用灯，它与照明灯的要求不一样，这些灯具颜色鲜艳、亮度可变、颜色可变，适合安装在户外。近几年来景观工程的灯具发展很快，品种多样，款式新颖。因为 LED 灯光波的频宽一般在 3～5 nm 之间，所有颜色十分鲜艳，而且颜色可随意变化，十分耀眼夺目。

1．投光灯

投光灯这种灯具就是把光线打在屏幕上（墙上、建筑物上），使城市中的景物在夜晚呈现壮丽精彩的景观。投光灯一般分为单色、七彩和全彩三种。

（1）单色投光灯一般是由红色、黄色、蓝色、绿色、白色的 LED 做成的。目前一般采用 1 W 的 LED 管子，因为它光效较高、性能较好。如果要求亮度可变，则要在电源驱动器上加上一个控制器，使驱动电流可以变化，这样亮度也就可调了。投光灯的功率一般根据使用要求而定，灯具功率在 20～100 W 为好。

（2）七彩投光灯的七彩是红、绿、蓝、黄、橙、白、紫，要实现七彩变换就必须用红、绿、蓝三基色的 LED 管子。在灯具的驱动器部分加入一个电流控制器，就可以做出七彩投光灯。

（3）全彩投光灯也是由 LED 红、绿、蓝三基色管子组合而成的。这种灯具驱动器的控制部分比较复杂，既要控制红管、绿管、蓝管的工作电流，又要调节三者之间电流的比例关系，使色彩灰度得到变化，形成全彩的光。最近这种灯具生产比较多，控制电路技术也比较成熟，并且控制电路已做成集成电路，这样制作灯具就方便多了，只要把电路配好就可以。

这种投光灯有两种做法：一种使用单色的 LED 红、绿、蓝管子组装在灯具中，红光、蓝光、绿光由灯具中射出，混合成全彩光；另一种是用红、绿、蓝三基色的管子组装在灯具中，设计好控制红、绿、蓝三路电路，使灯具发出来的光就是全彩光。

LED 投光灯的外观有条形和长方形，功率一般在 30～100 W 之间。LED 条形投光灯一般长为 1 000～1 200 mm，外形像日光灯，灯具内有反射镜，可以把光线投射在屏幕上，并呈长条形。长方形投光灯面积一般是 400 mm×500 mm，光线投在屏幕上呈长方形。单色的投光灯要求色温和光强均匀，均匀度一般要求在 0.8 以上，屏幕上不能有光斑。

2. 地埋灯

LED 地埋灯的直径一般在 10～20 cm 之间，功率在 10～30 W 之间，这种灯具一般是埋在地里或水里，地埋灯也分为单色和七彩，都是用大功率 LED 做成的，它比一般的地埋灯省电，且低压供电，安全系数高。地埋灯的做法和其他 LED 灯具一样，主要做好驱动电源，并把 LED 产生的热量传导出去，使整个 LED 灯具点亮时的温度控制在 70℃以下。

3. 舞台灯

LED 舞台灯，目前主要还是用于把光线打在屏幕上，让舞台背景随着剧情变换，随着音乐的声音亮度和颜色发生变化，做法和 LED 投光灯一样。

护栏管、数码管、像素管、扁三、扁四灯串及点光源都属于景观灯，都是由大功率 LED 做成的景观灯，这类景观灯适合于做成线条形，呈现建筑物轮廓。目前，市场上销售的这些景观灯具品种款式多样，可随意挑选，但是缺少统一的质量标准，对景观灯的质量无法测试。厦门市对 LED 夜景照明工程的质量检测与评价做了大量的工作，初步制定了 LED 器件的质量检测标准、LED 夜景工程的施工质量规范，并对 LED 夜景照明工程提出了一些具体要求，这些还有待于在实施过程中加以完善。

8.7　LED 航标灯

我国江河多、海岸线长，发展 LED 航标灯有很大的市场前景，目前已经有很多厂家在做 LED 航标灯，但都是刚刚起步，还有很多不完善的地方。

LED 航标灯比传统的航标灯有许多优点：一是省电，不需要经常更换电池；二是使用寿命长，减少维护费用；三是颜色鲜艳、照射集中、照射距离远。

LED 航标灯一般是六角形，分六个面向四面八方照射，每个面上装 1～2 W 的 LED 一个，每个面都要有反光材料，LED 装在面上让光大部分能反射出去。LED 航标灯是由蓄电池直接供电的，蓄电池输出的电压和电流要能适合 LED 使用，就必须要控制电路，这个控制电路让蓄电池供出的电压会有波动，但供给 LED 的电流一定要恒定。当蓄电池电压升高时，控制器能使供给 LED 的电流还是一个恒定值；当蓄电池电压低了，也要保证供 LED 用的电流还是恒定值，这样就保证了航标灯能正常使用。

如果采用太阳能作为电源，那么太阳能给蓄电池进行充电，蓄电池供给 LED 的电流也一样要恒定。

输电铁塔、高楼屋顶的警示灯也可以用大功率 LED 来替代，使用 LED 点亮，一样可以达到节能且长寿命的目标。

8.8　LED 矿灯

由于大功率 LED 光源的光效可达 80 lm/W，所以现在的矿灯照度可以达到 3 000 lx 以上，显色指数可以达到 80 以上，使用大功率 LED 做成光源已是最好的矿灯光源了。

LED 矿灯在技术上要解决两个问题：一是 LED 与反光杯要配合好，矿灯的照度按目前的要求要达到 3 000 lx 以上，而且还要求显示指数要达到 80 以上；二是 LED 点亮时产生的热量一定要传导出去，把热量散掉。近年来，这两个问题都得到了较好的解决。提高 LED 的光通量和显示指数是 LED 管子封装必须解决的问题，目前 LED 封装厂家一般都可以做到。

有了符合标准的 LED 光源，做成合格的矿灯还有两个问题要解决：第一个问题靠光学设计解决，反光杯的形状怎样，尺寸多少最合适，由光学的二次设计来解决；另一个问题就是反光杯的电镀，反光杯电镀用的杯材料和光洁度都直接影响出光效率。反光杯电镀一定要是铝材料，光洁度要干净清洁，不能有任何的污点。散热问题也是靠反光杯解决的，所以反光杯的材料一定要导热好，铝和铜都可以，LED 与反光杯紧密接触，能把 LED 上产生的热量很好地传到反光杯上，反光杯还要与矿灯整体接触，把热传导到矿灯的外壳上。

矿灯采用 LED 光源，具有体积小、重量轻、耗电省等优点，可随灯带上定位仪。这个定位仪可以每隔一定时间向地面报告所在的位置，如果发生事故，定位仪会改为长波发出信号，报告所在的位置以便救援。

传统矿灯与 LED 矿灯性能比较见表 8-4。

表 8-4　传统矿灯与 LED 矿灯性能比较

性　能	传统矿灯	LED 矿灯
电压/V	4	3.5～3.7
电流/A	0.7	0.23～0.25
蓄电池	铅酸、锡镍蓄电池	锂蓄电池（体积小、重量轻）
照度/lx	≥800	≥3 000
光通量/lm	23	25
辅灯	无	有
整灯重量/kg	≤3	≤0.2
维护	需维护	维护简单
确定方位	无法确定	可确定方位

可以看出，新型 LED 矿灯替代传统矿灯具有极大的好处，是现阶段最理想的矿灯，应当大力推广应用 LED 矿灯。

8.9　LED 应用于液晶电视背光源

LED 背光源取代 CCFL（冷阴极灯）是大势所趋，目前国内外许多电视厂家和手提计算机厂家都用 LED 替代 CCFL。LED 背光源替代 CCFL 有明显的优势，LED 背光源可以将灯管做得非常薄，如海信集团推出了 42 英寸 LED 液晶电视，厚度仅为 55 mm，这是 CCFL 做不到的。LED 背光源的能耗仅为 CCFL 的 50%，LED 背光源电视的色彩饱和度可达到 100%，而 CCFL 只能达到 70%。总之，LED 背光源技术相对 CCFL 来说，有亮度高、工作电压低、功耗小、颜色鲜艳、使用寿命长等诸多优点，所以许多电视厂家和计算机厂家都争先采用 LED 背光源，这种产品在市场上一定会形成较大的消费群。

但目前的一个主要问题是，LED 背光电视的成本比 CCFL 高。随着 LED 技术的不断发展，以及应用于电视背光和计算机背光的技术不断深入，这二者成本一年比一年接近，不出三五年就会拉平。目前，虽然相对成本高出 30%，但 LED 背光源用起来省电，符合节能减排的要求。随着 LED 背光源电视、计算机的大量应用，成本也会降低。

近几年来，LED 应用于电视背光源已经大批量生产了。当前主要使用发光二极管（LED）作为液晶电视背光源的显示，有的电视机生产厂商，如三星、松下、东芝、飞利浦等将其称为 LED 电视，但并不是指使用 LED 作图像显示的电视。随着电视机市场竞争日趋激烈，加上 LED 应用逐渐成熟，各电视机厂商将纷纷积极引入 LED 作为液晶背光显示，企图在家用电视改朝换代之际能够占领更多的市场份额。

LED 背光技术种类可分为两种，即直下式（Direct Backlit 或 Full LED Array Backlit）与侧照式（Edge LED Backlit），其中直下式所用的 LED 又可分为白光 LED 与红、绿、蓝三色 LED 两种。

直下式 LED 背光技术把多梭 LED 排成列阵，然后放在散光片及 LCD（液晶显示）后面直接照射 LCD，因此，直下式可以依照画面不同部分的光度变化，快速地微调 LED 的明暗，可大大提高动态对比度，达到等离子显示器的水平。其缺点就是需要用数量较多的 LED 且价格较高。直下式 LED 背光所用的有白光 LED，也有用红、绿、蓝三种单色 LED（RGB LED）的，使用 RGB LED 可以有更宽的光频谱，即有更广的色域。

侧照式 LED 背光技术是把白光 LED 放在 LCD 四边，LCD 后有一与 LCD 大小相近的返光片，LED 从 LCD 与反光片之间的缝隙中照进去。反光片上特别设计的微纹能把 LED 照来的光作 90°反射后照向 LCD 的背部。这种反射片精细得在不需散光片的情况下也能使 LED 的光均匀地照到 LCD 的背部。相对 RGB LED，白光 LED 较为耗电，加上反光片有损耗及 LED 照射角等因素，侧照式 LED 原先的耗电会较高，但因为没有散光片从而省去了散光片的损耗，侧照式 LED 背光的耗电可以低到与直照式同级。

电视机采用 LED 作背光源与原来 CCFL（冷阴极萤火灯）背光源相比，有以下好处：

（1）LED 可以极快速地改变光的强度，因此可以依照局部影像的亮度而局部地调节背光高度，使暗的影像可以更暗。动态对比度可以比 CCFL 高很多，特别是直下式 LED 背光的动态对比度的改善更为明显。

（2）采用红、绿、蓝三原色 LED 的直下式背光拥有较 CCFL 更多的色彩。

（3）使用 LED 背光可降低电视机的厚度、体积，从而减轻了电视机重量。侧照式 LED 的厚度可达 10 mm 以下。

（4）LED 背光的液晶电视机寿命较 CCFL 为背光的电视机长得多。

（5）LED 背光液晶电视机较 CCFL 环保，LED 背光的电视机重量较轻，在运送时可节省运费。LED 在弃置时较 CCFL 环保，因为 CCFL 含有微量汞，而 LED 的寿命较长，可减小废物的产生，但目前 LED 背光电视机的生产成本较高。

可以预见，在不久的将来，电视机的显示屏幕将会被 OLED 所替代。

解决 LED 背光源替代 CCFL 的技术问题，主要是电视厂家的具体要求，因此 LED 芯片厂家要和封装厂家积极配合。例如，用 LED 做液晶电视背光源就需要具体的集成电路，电视厂家可以积极寻找合适的集成电路厂家配合以解决技术问题。

8.10 LED 应用于航天技术

中国航天科技集团公司五院 510 所的科研人员经过艰苦攻关，解决了大功率 LED 照明产品应用于神九与天宫的手控交会对接，为航天飞船舱外恶劣空间环境解决了一系列关键技术，研制出了满足需要的照明设备，并制定了相关的产品技术规范。

在神九与天宫的手控交会对接过程中，提供舱外大功率照明设备交会对接光源是完成这一任务的关键一环，它不仅为航天员照亮了交会对接目标，也为地球上的观众们能够亲眼见到这一激动人心的时刻提供了美轮美奂的光影效果，特别是其采用大功率 LED 作为聚光照明光源，在国内外尚属首次。

交会对接灯要为航天员手控对接时提供良好的视场照明，为摄像机提供可靠的光源支持。国际上此类照明灯光源多采用金属卤素灯，该灯应用于空间照明有其不可避免的缺点，如真空封装、防爆性能差、灯体体积大、布光难度大等。而新型固态照明灯半导体发光器件 LED 可恰好弥补上述不足，并且比金属卤素灯有更长的使用寿命和更便利的布光方式。

神舟九号飞船舱外大功率照明设备交会对接灯的飞行试验成功，填补了国内航天用舱外聚光照明产品的空白，积累了宝贵的空间飞行数据和经验，为载人航天工程三期空间站建设奠定了照明技术的基础。

8.11　本章小结

要大力推广大功率 LED 的应用，首先要保证使用 LED 时符合 LED 的特性要求。搞好大功率 LED 白光的应用，关键是设计并选择好供给大功率白光 LED 的恒定驱动电流，这个驱动电流设定为多少最合适，要根据整个应用系统的散热条件来决定，只有保证整个应用系统散热好，大功率 LED 白光出光的质量才可以得到保证。另外，对于驱动 LED 的电源，即驱动器也要认真进行设计。大功率 LED 白光与驱动电源之间的配合一定要注意一些问题，这样才能保证整个 LED 灯具质量高可靠；灯具系统的使用寿命才能得到保证；保证大功率 LED 的使用达到省电、出光效率好、长寿命的要求。

附录 A

提高 LED 芯片出光效率的几种方法

1. 使用 ITO 芯片

当前市场上出现了很多 ITO（氧化铟锡，Indium Tim Oxide）芯片，这种芯片的亮度比通用电极的芯片亮度要高 20%～30%。

ITO 是一种透明的 N 型半导体导电薄膜，常温下其带隙为 3.5～4.3 eV，载流子浓度在 10^{19}～10^{23} 个/cm^3 之间，因此具有良好的导电性（电阻率一般在 1.10^{-3} Ω·cm 以下）和较高的可见光区透过率（在可见光波段的光透射高于 80%）。

与其他透明导电薄膜相比，ITO 具有良好的化学稳定性和热稳定性，对衬底具有良好的附着性和形状加工特性，是目前理想的导电薄膜，在光电器件的透明电极领域得到了广泛的应用。

近几年来，GaN 基白光 LED 的照明产品逐渐进入实用阶段，如果在 GaN 基 LED 中用 ITO 代替 Ni/Au 作为 P 型电极，那么同等条件下可使 LED 的出光效率提高 20%～30%。

2. 倒装法

传统的蓝宝石衬底的 GaN 芯片结构如图 A-1 所示，电极刚好位于芯片的出光面。由于 P-GaN 层有限的电导率，因此要求在 P-GaN 层表面沉淀一层用于电流扩散的金属层，这个电流扩散层由 Ni 和 Au 组成，会吸收部分光，从而降低出光效率。如果将芯片倒装（如图 A-2 所示），那么电流扩散层（金属反射层）就成为光的反射层，这样光可通过蓝宝石衬底发射出去，从而提高出光效率。

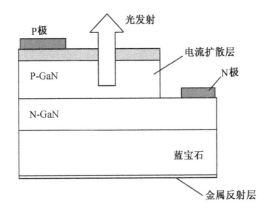

图 A-1　蓝宝石衬底的 GaN 芯片结构

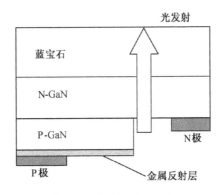

图 A-2　芯片倒装示意图

3. 衬底剥离技术

衬底剥离技术首先由惠普公司在 AlGaInP/GaAsled 衬底上实现。因为 GaAs 衬底使得 LED 内部光的吸收损失非常大，通过剥离 GaAs 衬底，然后将其粘接在透明的 GaP 衬底上，可以提高近两倍的发光效率。

GaN 基 LED 的衬底一般为蓝宝石材质，蓝宝石作为绝缘体，其导热性能较差，因此 LED 的电极都在上表面。又因为 P 型欧姆接触电极的制备比较困难，所以需要使用 P 型透明电极，其加工工艺比较困难，必须同时保证较低的接触电阻和较高的光透射率。若电极做得不好，透射率较低，没有透射出去的光会由 LED 吸收，从而产生热量，这样对 LED 的出光效率和内量子效率的提高都造成难以克服的困难。

蓝宝石衬底激光剥离技术（LLO）是基于 GaN 的同质外延层发展的一项技术，是于 20 世纪末提出的。这种剥离技术利用紫外激光照射衬底，继而熔化缓冲层来实现衬底的剥离。该技术可以将 LED 的出光效率提高至 75%。衬底剥离的示意图如图 A-3 所示。

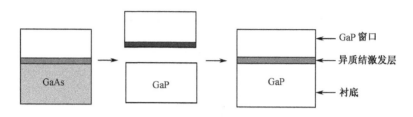

图 A-3　衬底剥离的示意图

采用衬底剥离技术的工艺和现有工艺相比，需要增加两道新的工艺过程，但是可以减少 10 道原有的工艺过程，参见表 A-1。减少工艺过程，就相当于减少材料消耗、提高成品率，同时减少工时、节省人员、降低成本。另外，由于蓝宝石衬底可以重复使用，同样也降低了外延片的成本。综合评价，衬底剥离技术大约可降低 50% 的成本。

表 A-1　采用衬底剥离技术的工艺和现有工艺的比较

所需工艺	激光剥离	台面光刻	台面刻蚀	N型电极光刻	N型电极镀膜	N型电极合金	透明电极光刻	透明电极镀膜	透明电极合金	P型电极光刻	P型电极镀膜	P型电极合金	衬底减薄	衬底抛光	划片	裂片	切割	测试分选
现有技术		√	√	√	√	√	√	√	√	√	√	√	√	√	√	√		√
剥离技术	√			√	√	√				√	√	√					√	√
所需设备	激光剥离器	光刻机	RIE[1] ICP[1]	光刻机	蒸发台	合金炉	光刻机	蒸发台	合金炉	光刻机	蒸发台	合金炉	减薄机	抛光机	划片机	裂片机	切割机	测试分选机

注：[1]RIE——反应离子设备，ICP——透导耦合等离子刻蚀设备。

在使用的设备方面，剥离衬底工艺要增加一套激光剥离系统和一台普通切割机，但是可以减少减薄机、抛光机、划片机、裂片机、离子可蚀机等设备。

因此，采用衬底剥离技术的工艺有以下几个方面的优势：

- 剥离绝缘的蓝宝石衬底后，可把 P 型电极做到底面，衬底表面的 P 型和 N 型两个电极只剩下 N 型电极，因此可以增加出光面积，从而提高出光效率；
- 剥离了导热性能不好的蓝宝石（在 100℃为 25 W/（m·K）），换成导电导热性能更好的衬底，可使热量很快地传导到热沉上，从而提高导热性能，这非常适用于大功率器件；
- 消除了蓝宝石与 GaN 之间晶格的压力失配，从而使光谱变窄；
- 由于将衬底换成导电衬底，因此有利于消除静电损伤；
- 由于散热性能改善，因此抗静电能力提高，有利于器件的封装。

4. 改变芯片的几何外形

通过改变芯片的几何外形，可以减少光在芯片中的传播路程，从而降低光的吸收损耗。LED 一般都是立方体结构，这样的结构使得光在 LED 内部会传播很长的路径，造成有源层和自由载流子对光的吸收加剧。将 LED 晶片切去四个方向的下角（斜面与垂直方向的夹角为 35°），从而形成倒金字塔形，如图 A-4 所示。

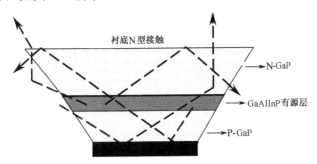

图 A-4 改变芯片的几何外形以缩短光的传播路程

LED 的这种几何外形可使内部反射的光从侧壁的内表面再次传播到上表面，从而以小于临界角的角度出射；同时使那些传播到上表面且大于临界角的光重新从侧面出射。这两种过程能同时减少光在 LED 内部传播的路程。

另外，还可以将正方形的 LED 芯片改为圆形。根据北京大学隋文辉等人的研究，对于圆盘形光学微腔可以证实：圆形的 LED 存在四音壁模式和圆盘的径向模式，若将倒金字塔形的 LED 结构改为倒圆锥体并加上微细结构的设计，确实可以明显加强 LED 出射的光强。

5. 表面粗化技术

为了抑制 GaAs 与空气折射率相差过大而造成的全反射光较多的问题，可采用把 P-GaN 表面粗化的方法，如图 A-5（a）所示。光线入射时大于全反射角的光线在表面平整时不会出射，但是如果在芯片内部遇到杂质，就会产生散射，结果造成光线出射，如图 A-5（b）所示。光线在芯片内的光程过长必定会衰减剧烈，粗化表面（即将表面打毛）后可使部分全反射光线以散射光的形式出射，从而增加了出光机会，提高了出光效率。

也可以直接将 LED 上表面打毛，如图 A-5（c）所示，但这种做法对有源层及透明电极会造成一定的损伤，并且实现起来也较为困难，因此通常是采用直接刻蚀成形，使上表面粗化，产生散射。

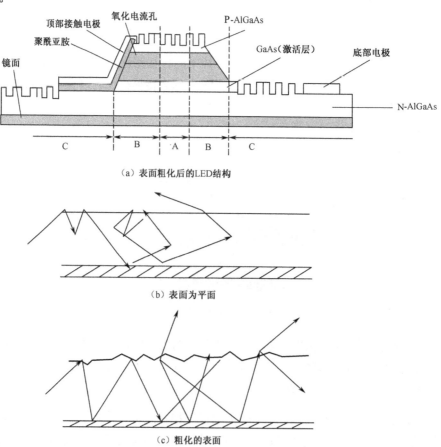

（a）表面粗化后的LED结构

（b）表面为平面

（c）粗化的表面

图 A-5　LED 的表面粗化

6. 分布式布拉格反射层（DBR）法

LED 结区发出的光是向上、下两个表面出射的，而封装好的 LED 是"单向"出光的，因此，有必要将向下入射的光反射或直接出射。直接出射的方法即为透明衬底法，但是这种方法的成本较高、工艺复杂。

布拉格反射层是两种折射率不同的材料周期交替生长的层状结构，它位于有源层和衬底之间，能够将射向衬底的光利用布拉格反射原理反射回上表面。分布式布拉格反射层法（如图 A-6 所示）可以直接利用 MOCVD 设备进行生长，其生产成本可以降低很多。

随着 LED 制作芯片技术的发展，今后还会出现更多的新技术，可以提高 LED 芯片的出光效率。特别是在提高 LED 芯片的抗静电能力、减少发热和提高发光效率方面必将有更好的芯片出现。

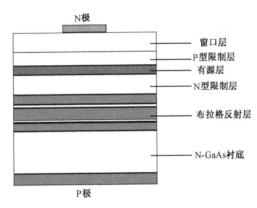

图 A-6　分布式布拉格反射层法

附录 B

LED 光柱的种类及制作要求

LED 作为一种新型光源，几乎应用于每个行业。在仪器仪表行业中，通过将 LED 芯片排列在 PCB 上，经过固晶和焊线，形成条状的线条显示图，可以替代仪器仪表行业使用动圈式指针和光盘的指示方式，国内通常将其称为 LED 光柱显示器（以下简称为光柱显示器或光柱），在国外则以 BarGraph（条形）命名，即光棒。

LED 光柱大量用在温度测量显示中，当温度上升时光柱会明显指示，而且在较远的距离都可以看得到。光柱还大量用在汽车仪表盘、汽车油箱的油量指示上，当油量过少时，会显示红色进行提醒；汽车速度表也可用光柱指示，当时速分别达到 80 km/h、100 km/h、120 km/h 时都会显示不同的颜色进行提醒；光柱还可用于电源开关控制柜，电压和电流的指示，一般距离为 10～20 m 都可看到电压和电流的指示值。使用光柱可以准确显示各种数值，而且颜色鲜明，一目了然。

1. 使用 LED 光柱的优点

使用光柱替代仪表指针有以下优越性：

- 光柱自身发光、醒目，便于远距离观察；
- 光柱本身无机械传动部分，抗过载、抗震动性能好；
- 光柱通过芯片矩阵排列和线性化处理，能精确示值，并且读数正确；
- LED 光柱的平均无故障工作时间达数万小时以上。

LED 光柱与等离子光柱相比，无须高压源；而与液晶光柱显示器相比，所需的驱动电路简单，且抗振动性能好，所以 LED 光柱显示器替代仪表的指针已成为仪表仪器行业的新趋势。

2. 光柱的种类

目前，LED 光柱显示器发展了很多品种，从其外形看可分为直条形和环形，如图 B-1 所示。

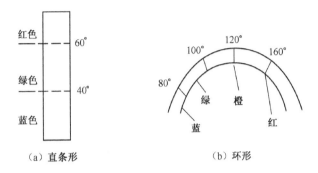

（a）直条形　　　　　　　　　　（b）环形

图 B-1　LED 光柱外形

从 LED 的具体排列尺寸来看，目前一般分为 101、51、41 线光柱，其电路分为共阳、共阴两大类。图 B-2 为共阳 LED 光柱电路图，图 B-3 为共阴 LED 光柱电路图，图 B-4 为 LED 超宽度光柱电路图，图 B-5 为 LED 多色光柱电路图。

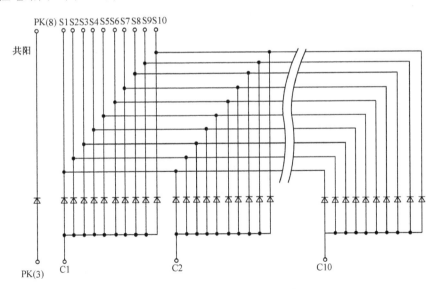

图 B-2　共阳 LED 光柱电路图

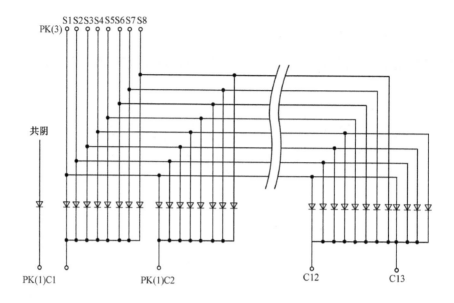

图 B-3 共阴 LED 光柱电路图

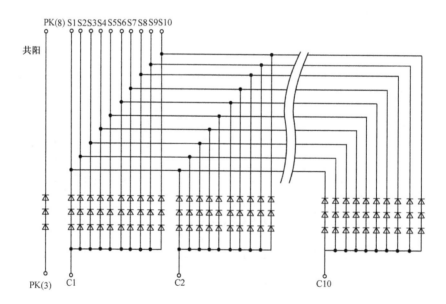

图 B-4 LED 超宽度光柱电路图

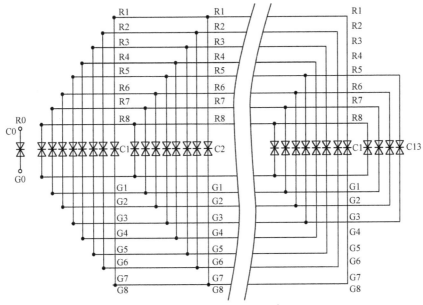

图 B-5 LED 多色光柱电路图

3. 制作与使用 LED 光柱时要考虑的问题

对于 LED 光柱显示器的应用，需要注意以下几项：

（1）可靠性问题。由于光柱广泛用于冶金、电力、机械、石油、煤炭、军工等行业，因此对它的环境适应性提出了非常高的要求。在 −40℃ 低温要求可保持 24 小时，在工作温度 50℃、相对湿度 95% 的高温、高潮湿的情况下，要求光栅不破裂，不出现暗线，并且在震动、冲击等环境突变时能正常工作。

（2）颜色特性的一致性要好，明暗要均匀。置放芯片一定要间距均匀，线间保持色度和亮度均匀。

（3）对 LED 光柱显示器的检测要自动化，一定要设计自动检测的仪器，对 LED 光柱要做全面的测试（正向电压、正向电流、反向漏电），而且要求 LED 光柱显示器在出厂前要做老化处理，老化时应连续 48 小时点亮。

（4）包装一定要防压防震，特别注意防静电。

总之，随着 LED 光柱显示器的发展，必将不断扩大应用领域，从而替代指针式的仪器仪表，并且 LED 光柱显示器的质量也会不断提高和完善。

附录 C

使用红色荧光粉研制高效低光衰 LED

1. 硫化物系列红色荧光粉

该系列荧光粉以二价铕作为激活剂，在不同的铕含量下，发射光谱的形状和发射峰位置几乎没有变化，但发射强度随着铕含量的增加先增强后减弱，最强发射时含量为 0.1%左右。这些荧光粉在 350 nm 下和 400 nm 以上能够被有效激发，并且随铕含量的不同，其激发光谱的形状没有明显的区别，但激发强度明显不同。由此可知，激活剂二价铕的含量对该荧光粉的发光效率有显著的影响，但其含量的多少对激发和发射光谱的位置与形状没有明显的影响。

该系列荧光粉以碱土金属硫化物为基础，不同的碱土金属元素及其含量对荧光粉的激发和发射光谱有不同的影响。在这类荧光粉中，随着钙含量的增加，发射峰朝长波方向移动，且峰值明显增强。这些特点扩大了这类荧光粉的应用范围，根据不同芯片和应用的需要，可以选择不同激发和发射波峰的系列荧光粉。

硫化物系列荧光粉的最大缺点在于性质不够稳定、光衰大。这是因为在使用过程中，硫容易析出（空气中的潮湿度高，容易和空气中的二氧化碳发生化学反应），二价铕容易被氧化。为此，在制备过程中，可以添加辅助剂，并在粉体制备后期，进行表面处理。通过辅助剂的添加和表面处理，可有效减缓粉体的潮解、氧化和硫的析出，荧光粉的稳定性得到很大提高。

2. 稀土铝（镓）酸盐深红色荧光粉

三价铈激活的稀土铝（镓）酸盐荧光粉作为吸收蓝光而发射黄光的荧光粉，现已被广泛应用于蓝光激发荧光粉制造的白光 LED 中。在三价铈激活的稀土铝（镓）酸盐黄色荧光粉研制的基础上，再和其他过渡金属元素共同激活稀土铝（镓）酸盐深红色荧光粉。有报道称可用稀土和其他过渡金属元素共激活的稀土铝（镓）酸盐深红色荧光粉，为低色温和更高显色性白光

LED 的制备及色彩鲜艳的彩色 LED 的制备打下了基础。

在不同的激活剂含量下，发射光谱的形状和发射峰位置几乎没有变化，但发射强度随着激活剂含量的不同而呈现规律性的变化。例如，稀土铝酸盐荧光粉可以被 400～470 nm 范围的蓝紫光和 560～630 nm 范围的橙红光有效激发。因此，该荧光粉可以被两种光源有效激发：一种是蓝光 LED 芯片所发出的蓝光；另一种是红光 LED 芯片所发出的红光。在上述两种光源的激发下，荧光粉发出深红色的光。

根据 LED 芯片发光色的不同，再配上发光色的荧光粉，可以制作出不同发光色、不同用途的 LED。例如，用蓝光 LED 芯片配上绿色荧光粉和深红色荧光粉，可以制作出显色性很好的白光 LED；使用橙红光 LED 来激发深红色荧光粉，还可用于产生一些特殊的颜色。

3. 碱土和过渡金属复合氧化物红色荧光粉

硫化物红色荧光粉的稳定性还有待于进一步提高，而稀土铝（镓）酸盐深红色荧光粉不能被紫光和紫外光有效激发。新型的碱土和过渡金属复合氧化物红色荧光粉能够被紫外光、紫光和蓝光有效激活。这种荧光粉以三价铈作为激活剂，在不同的铈含量下，荧光粉激发光谱的形状和激发峰的位置几乎没有变化，但激发峰的强度随着铈含量的不同，呈规律性的变化，所以三价铈激活的碱土和过渡金属复合氧化物适合紫外光、紫光和蓝光激发，这种荧光粉稳定性好、光衰小。

这三种红色荧光粉供读者参考，制作白光 LED 的关键问题在于荧光粉，荧光粉的技术进展将有力推动白光 LED 的技术发展。

附录 D

根据 LED 的使用要求确定技术指标

随着 LED 行业的技术进步、产业的发展及应用的普及，LED 将会出现更多更适合各行业使用的新产品，因此测试指标也将不断升级，不同的应用场合对 LED 的性能要求也不一样。

1. 从光学性能来看

用于显示的 LED 主要考虑亮度、视角分布、颜色等参数。用于普通照明的 LED 更注重光通量、光束的空间分布、颜色、显色特性等参数。而生物应用的 LED，则更关注对生物的有效辐射功率、有效辐射照度等参数。LED 的光学性能主要涉及光谱、光度和色度等方面的性能要求。根据我国新制定的行业标准——半导体发光二极管测试方法，主要的指标有发光峰值波长、光谱辐射带宽、轴向发光强度、光束半强角度、光通量、辐射通量、出光效率、色品坐标、相关色温、色纯度和主波长、显色指数等。

2. 从电学性能来看

LED 的 PN 结电特性决定了 LED 在照明应用中区别于传统光源的电气特性，即单向非线性导电特性，低电压驱动及对静电感等特点。目前主要的测量参数包括正向驱动电流、正向压降、反向击穿电压和静电敏感度等。

3. 从热性能来看

照明用 LED 的发光效率和功率的提高是当前 LED 产业发展的关键问题之一，特别是 LED 的 PN 结温度及壳体散热问题显得尤为重要。一般用热阻、壳体温度（或热沉温度）、结温等参数来表示。

4. 从辐射安全性方面来看

目前，国际电工委员会（ICE）根据半导体激光器的有关要求，对 LED 产品进行辐射的安全测试和论证。由于 LED 是窄光束、高亮度的发光器件，考虑到其辐射可能对人眼视网膜的危害，因此，对不同场合应用的 LED，国际标准规定了其有效辐射的限值要求和测试方法。目前在欧盟和美国，照明 LED 产品的辐射安全是作为一项强制性的安全指标。

随着人们对光生物安全性的重视，根据 IEC 60825 标准要求，LED 灯或灯具产品必须按照类似于激光器件的要求进行辐射安全检测。国内企业普遍对此重视不够，随着国内更多的 LED 产品进入美国和欧盟等国际市场，将会涉及更多较为复杂的辐射安全的测试问题。

对于常规照明用的灯和灯具系统，要考虑到可能对人体皮肤和眼睛的健康造成危害。国际电工委员会于 2002 年采纳了国际照明委员会（CIE）的文件 CIE S009/E2002 "灯和灯系统的光生物安全性" 作为 IEC 的正式标准。为了应对国际上的变化，我国于 2004 年也制定了相应的标准，该标准由国家电光源检测中心（北京）和浙江大学三色仪器有限公司负责起草。

LED 的可靠性和寿命可以衡量 LED 在各种环境中正常工作的能力，这在液晶背板光源和大屏幕显示中特别重要。寿命是评价 LED 产品可用周期的质量指标，通常用有效寿命或终止寿命来表示。在照明应用中，有效寿命是指 LED 在额定功率条件下，光通量减到初始值的规定百分比时所持续的时间。

LED 的发光面小、光束狭窄、亮度高等特点决定了其检测的特殊性，为了统一对这个问题的认识，CIE 分别成立了 "TC2—45 LED 测量" 和 "TC2—46 CIE/ISO LED 强度测量标准" 两个技术委员会。CIETC2—34 小组于 1997 年 10 月在维也纳总部召开会议，制定并推荐了 CIE 127—1997 "LED 测量标准"，它涉及 LED 辐射度、光度和色度测量。但由于近年来 LED 的技术发展迅速，尤其是照明用白光 LED 的产品大量应用，许多问题是过去未曾考虑到的。因此，1999 年在日本的 CIE 年会上，与会的发达国家代表提议，由 CIETC2—34 制定白光 LED 照明器具标准，日本代表团还提交了一般照明用白光 LED 的两项标准草案。

附录 E

重视 LED 测试方法和标准的研究

为了发展 LED 照明技术，发达国家都非常重视 LED 测试方法及标准的研究。美国国家标准检测研究所（NIST）组织国际知名测试专家开展 LED 的测试研究，重点研究 LED 的发光特性、温度特性和光衰特性等的测试方法，试图建立整套的 LED 测试方法和技术标准，在 LED 的测试方面走在了世界前列。日本成立了白光 LED 测试研究委员会，专门研究照明用白光 LED 的测试方法和技术标准。发达国家为了抢占 LED 研究的制高点，在 LED 标准和测试方面都投入了大量的人力物力，在标准方面注重选择 LED 的特性参数及测试方法的研究。

我国半导体二极管测试方法目前尚无相应的国家标准，因此，在不同的生产厂家及用户之间经常产生很大争议。近年来，中国光协光电器件专业分会陆续组织了多次的半导体发光二极管测试方法的学术研究和交流，业界人士逐步形成较为统一的认识，并制定了统一的行业标准 SJ/T 2355—2005 "半导体发光二极管测试方法"，在行业内的产品交流、对比中发挥了重要作用。该标准不仅采纳了 CIE 127—1997 "LED 测量标准"的方法，同时结合了照明用功率型白光 LED 的发展需要，增加了显色性、结温等参数的测量方法，为 LED 照明产品的发展提供了极为重要的依据。

近几年来，多芯片或多管组合型 LED 灯的发展也非常迅速，而国内外还没有专门针对 LED 厂商制定相应的检测标准，但作为一种照明应用产品，IEC 和 CIE 已经给出了相关的测量标准。照明用 LED 灯的中心光强和光束角可参照 IEC 6134—1994 的标准执行。同样，国家标准 GB/T 19658—2005 "反射灯的中心光强和光束角的测量方法"已由浙江大学三色仪器公司负责起草完成，并于 2005 年 8 月开始实施。对于光谱辐射及颜色的测量可参照 CIE No. 63 文件及国家标准 GB/T 2922—2003 执行。

附录 F

在 LED 光电测量中应注意的几个问题

1. 测量的标准

发光二极管的光辐射实际上是一种定向的成像光束，因此，不能按照一般教科书的光度来测量和计算发光强度。也就是说，一般情况下，发光强度不能简单地用探测面上的照度和距离平方的反比定律来计算。CIE 127—1997 "发光二极管测量" 把 LED 的强度测试确定为平均强度的概念，并规定了统一的测试结构，包括探测器接收面的大小和测试距离的要求。这样就为LED 的准确测试比对奠定了基础。虽然 CIE 的文件并非国际标准，但目前已得到国际上普遍认同并已采用。我国的 LED 行业标准与该 CIE 文件的方法完全一致。

2. 光度测量传感器的光谱响应

目前，在 LED 测量仪器中所用的光度测量传感器，采用了硅光电二极管和相应的视觉光谱响应校正滤光光电。为了使探测器的光谱响应函数与 CIE 标准观察者光谱光视效率函数相一致，一般需要由多片滤光光电组成。

由于受材料及工艺的限制，某些仪器的传感器在光谱匹配上存在一定的差异。当仪器出厂定标所用的标准源（通常采用 2 856 K 钨丝灯）与所测量的 LED 管的光谱存在较大差异时（而且对某些单色 LED 往往更加明显），应该采用光谱响应曲线在各个波长符合度较好的数据，从而得到更准确的测量结果。否则，必须采用 LED 标准样管对仪器进行定标或校正，才能得到比较一致的结果。

3. 测量的方向性

发光二极管发射光的方向性很强，因此测量方法的定位将明显影响测量结果的准确性。尤其在 LED 的轴向光强测量中，一些仪器没有对测量 LED 的方向进行限定，这样就很难保证测量精度。

在 LED 的测试供电驱动中，LED 本身结温的升高对电参数和发光的影响不容忽视，因此，测量时的环境温度及器件的温度折中是非常重要的一项测量条件。

从国外现有的 LED 检测仪器来看，基本上对应了 LED 的测试要求。随着功率型 LED 的发展，对测试方法的统一和仪器的要求越来越受到人们的关注。现有的许多仪器，对于照明用 LED 灯的测量将会带来很多新的问题。因此，在选购和使用 LED 测量仪器的过程中，必须根据产品的种类、特性及相关的国内外标准来确定。

随着 LED 产业的飞速发展，行业内应针对 LED 产品的不同阶段的要求，尽快制定统一的检测方法和标准，从而形成符合实际需要、有中国自主知识产权的检测仪器，有利于上、中、下游各产业链的相互配合和协调发展，促进照明用 LED 市场的规范化，以及提高中国企业参与国际市场的竞争力。值得注意的是，检测仪器是进行产品质量分析和判断的杠杆，仪器的精度和可靠性应该是最重要的指标。中国的仪器制造企业应该生产更多具有国际先进水平的检测仪器，从而满足 LED 照明产业不断发展的需要。

参考文献

[1] 胡全平. 关于发展我国 LED 装备的初步方案. 第九届全国 LED 产业研讨与学术会议论文集, 2004.

[2] JOU, F. C. Lee, S. K. Lai , M. J. Tou and B. J. Lee. 第八届全国 LED 产业研讨与学术会议论文集.

[3] 罗超帆. 超高亮度 InGaN 蓝、白光 LED 之碳化硅（SiC）与蓝宝石（Al₂O₃）衬底材料的探讨. 第八届全国 LED 产业研讨与学术会议论文集.

[4] 叶国光. LED 结构生长原理以及 MOCVD 外延系统的介绍. 国际光电显示技术, 2003（12）.

[5] 方志烈. 半导体发光材料和器件. 上海：复旦大学出版社, 1992.

[6] 孙旭, 牟同升. 高亮度 W LED 的进展. 海峡西岸第十二届照明科技与营销研讨会论文集.

[7] 陈大华. 霓虹灯、LED 技术入门. 北京：中国轻工业出版社, 2003.

[8] 牟小丽. LED 光柱在仪表行业的应用. 国际 LED 技术, 2005（1）.

[9] 周春生. 半导体功率型 RGB 全彩 LED 的研究. 国际 LED 技术, 2005（9）.

[10] 闫伟, 陈凤霞, 吴洪江. 测量功率 LED 热阻的新型仪器. 第九届全国 LED 产业研讨与学术会议论文集, 2004.

[11] 章道波. 大功率固态照明热处理技术进展. 国际 LED 技术, 2005（5）.

[12] 杜敬东, 李绪锋. 白光 LED 器件快速衰减的主要原因. 国际 LED 技术, 2005（5）.

[13] 林秀华, 王昌铃, 黄德森. 荧光粉对白光 LED 光衰的影响. 国际 LED 技术, 2004（10）.

[14] 关积珍. 对 LED 显示屏发展的回顾与展望. 国际 LED 技术, 2005（10）.

[15] 方志烈, 龚振新, 陈相和. LED 交通信号灯使用寿命超过五年. 第九届全国 LED 产业研讨与学术会议论文集.